AF564369

Paléontologie française
ou
description
des fossiles de la France.

2e série. Végétaux.

Plantes jurassiques
par
le marquis de Saporta.

—

Tome III

—

Conifères ou Aciculariées.

ATLAS.

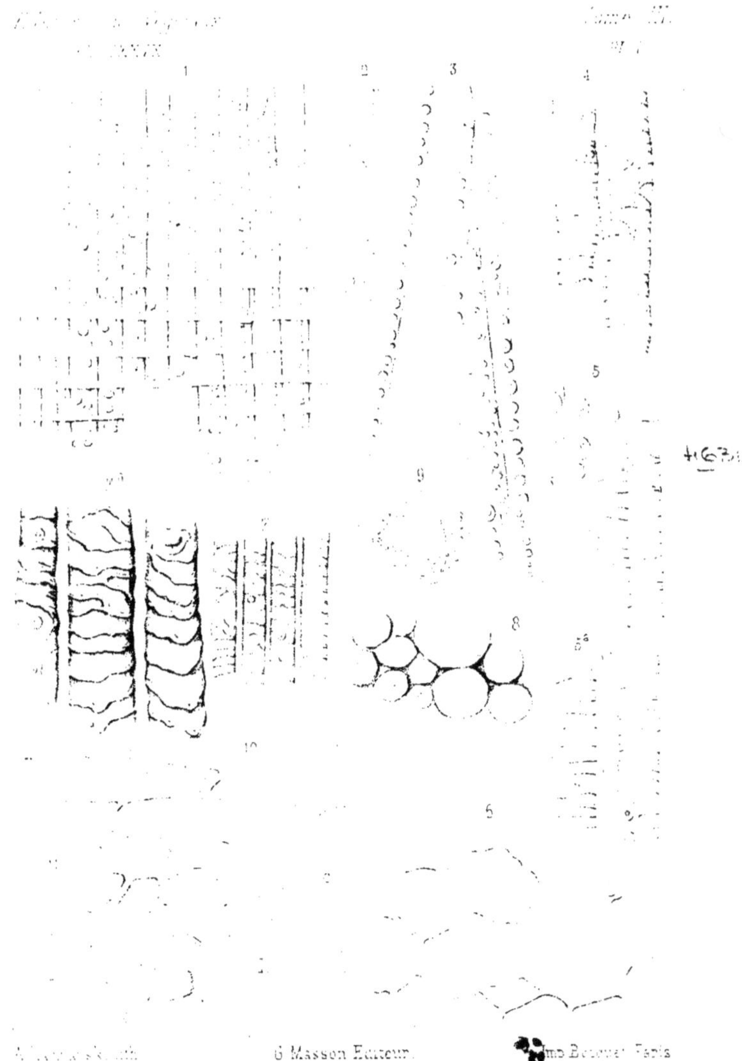

G. Masson Editeur. Imp. Becquet Paris

TAXINÉES.

(Structure anatomique des tiges.)

[illegible] Taxus Tourn. 4-6. Cephalotaxus Sieb. et Zucc. [illegible] Torreya Arn.

PALÉONTOLOGIE FRANÇAISE

Terrain Jurassique Végétaux. — Pl. CXXX

A. [illegible] lith. — G. Masson Éditeur — Imp. Becquet Paris

SALISBURIÉES et PHYLLOCLADÉES.

(Structure anatomique des tiges.)

1 à 5. Salisburia. Sm. — 6 à 9. Phyllocladus. L. C. Rich.

[illegible] — [illegible] — Imp. Becquet Paris

ARAUCARITES
(Structure anatomique des tiges.)
Dammara Reuss

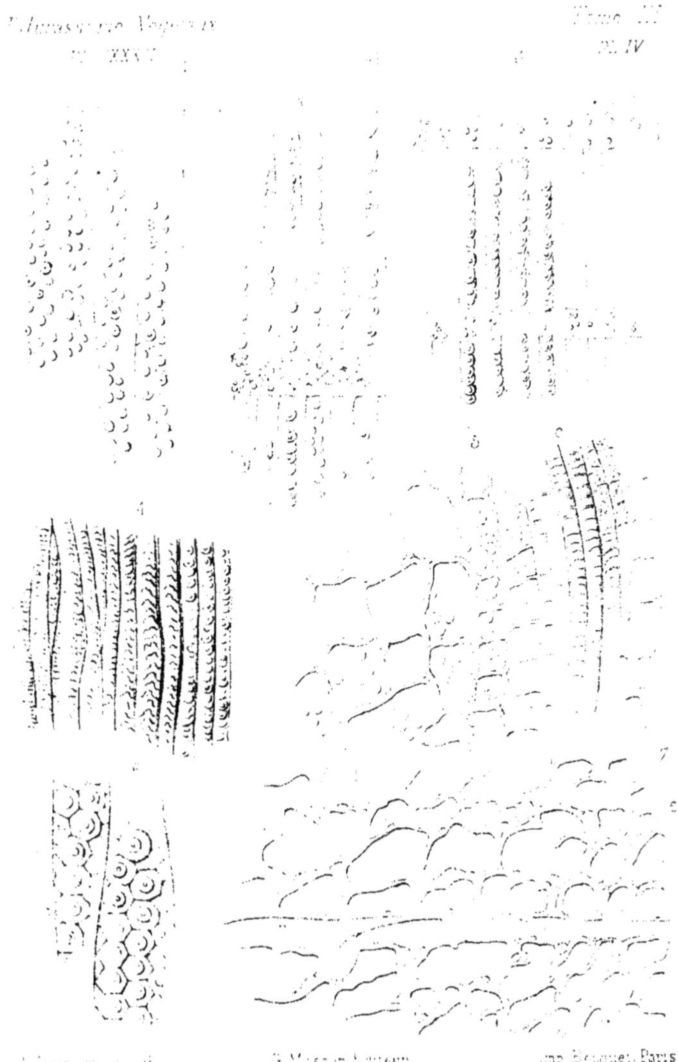

[illegible] del. — G. Masson éditeur — Imp. Becquet. Paris.

ARAUCARITES

Structure anatomique des tiges

[illegible] Araucaria [illegible] Juss. 6.7 Araucaria Colymbea Juss.

A. Karmanski lith — G. Masson Éditeur — Imp. Becquet. Paris

PODOCARPÉES et SÉQUOIÉES.

(Structure anatomique des tiges.)

1_5. G. Podocarpus. L'Hérit. _6. G. Dacrydium, Soland _7_12. G. Arthrotaxis Don.

2

A. Karmanski lith. G. Masson Éditeur Imp. Becquet Paris.

SÉQUOIÉES et TAXODIÉES.

Structure anatomique des tiges.

1_6. G. Arthrotaxis Don. 6_7. G. Sequoia Endl. 8_9. G. Cryptomeria Don

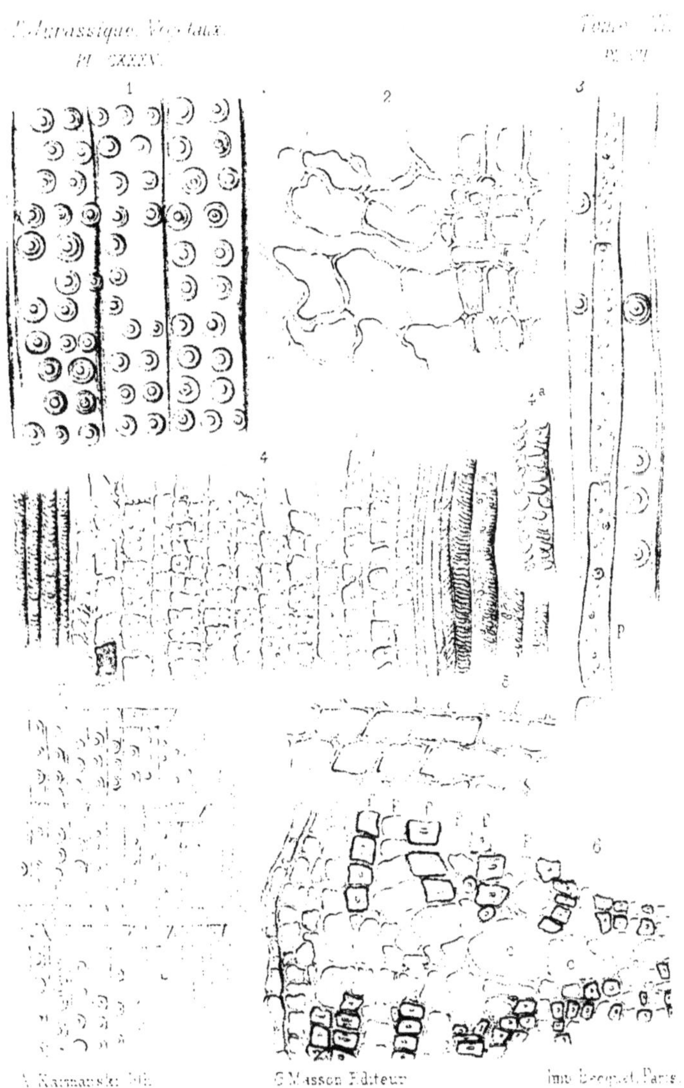

A. Karmanski lith. G. Masson Éditeur Imp. Becquet, Paris.

TAXODIÉES.

Structure anatomique des tiges.

1 – 6. G. Taxodium. Rich. _ 7. G. Glyptostrobus. Endl.

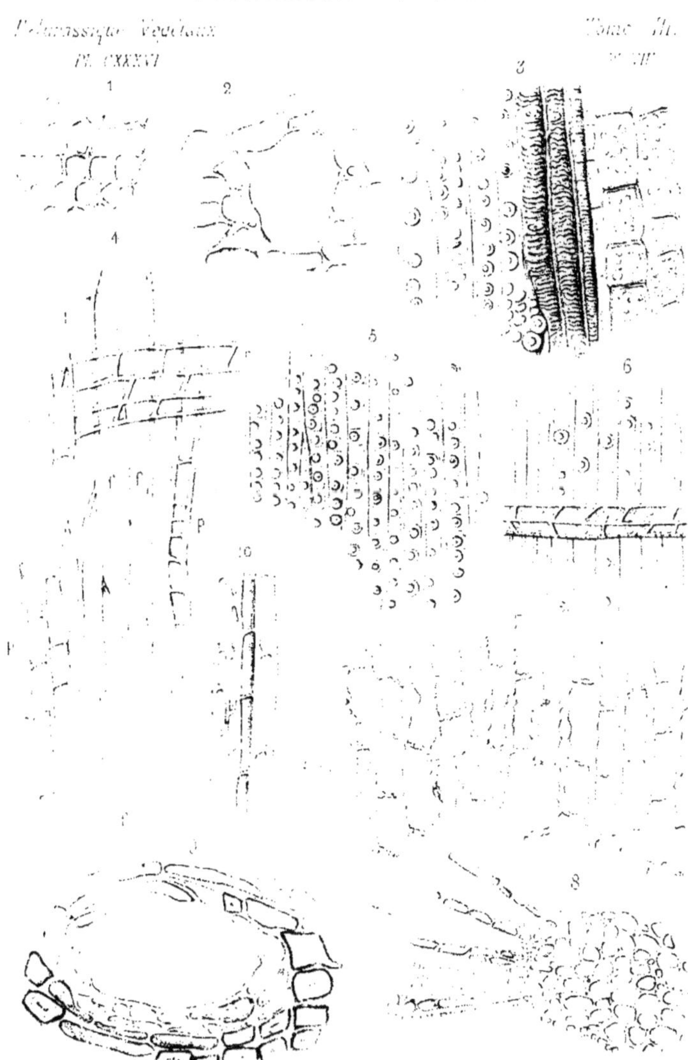

A. Karmanski lith. G. Masson Éditeur Imp. Becquet, Paris.

TAXODIÉES et CUPRESSINÉES.

(Structure anatomique des tiges.)

1-3. G. Glyptostrobus Endl. 4-10. G. Widdringtonia Endl.

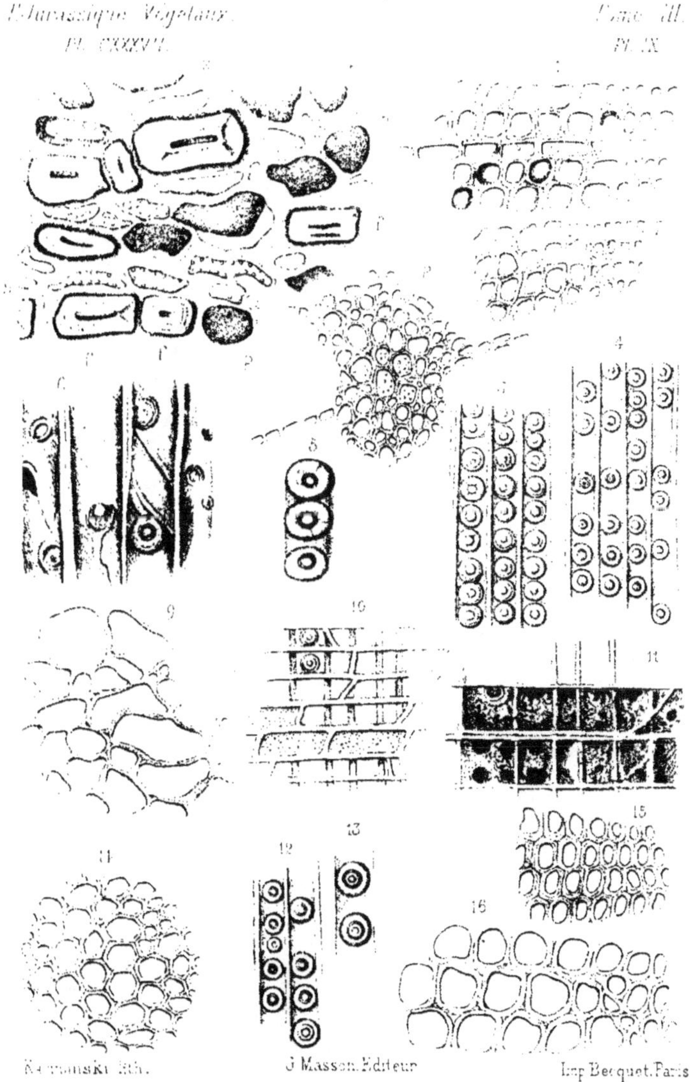

Kermanski lith. J. Masson, Éditeur Imp. Becquet, Paris

CUPRESSINÉES.

(Structure anatomique des tiges.)

1-2. G. Widdringtonia Endl. | 12-14. G. Libocedrus Endl.
3-11. G. Chamæcyparis Sp. | 15. G. Callitris Vent.
16. G. Juniperus L.

PALÉONTOLOGIE FRANÇAISE.

Tome III.

Pl. X.

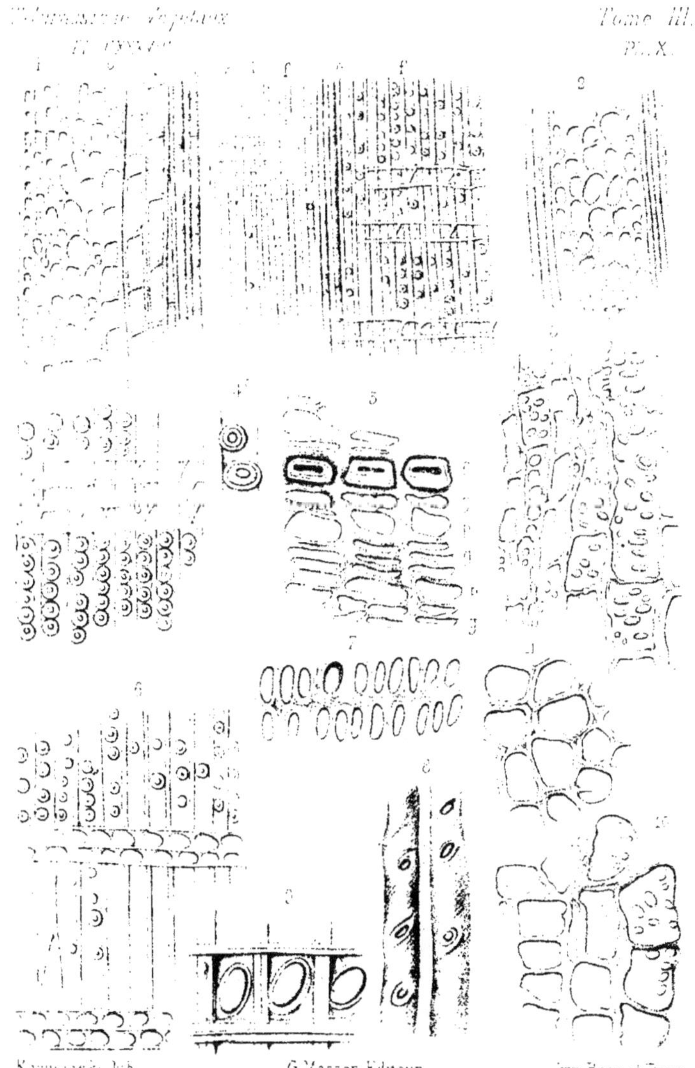

Karmanski lith. G. Masson Editeur Imp. Becquet, Paris

CUPRESSINÉES et SCIADOPITÉES.

(Structure anatomique des tiges.)

1 – 3. G. Thuiopsis. Sieb et Zucc. 4 – 5. G. Juniperus L.

6 – 10. G. Sciadopitys Sieb et Zucc.

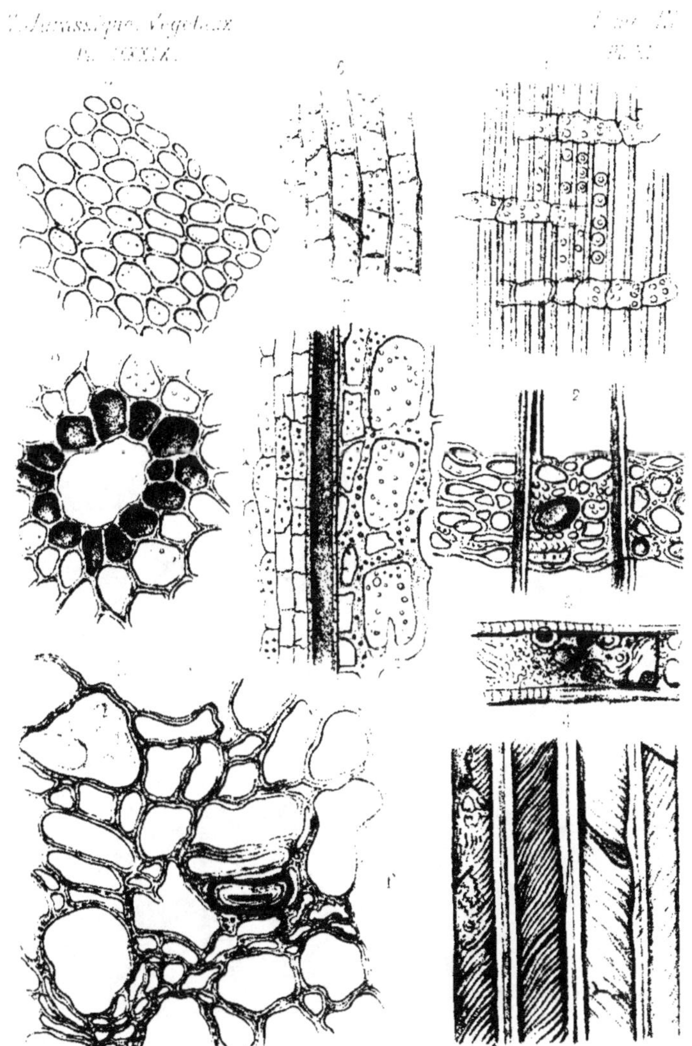

[illegible] lith. J. Masson Éditeur. Imp. Becquet Paris

CUNNINGHAMIÉES.
(Structure anatomique des tiges.)
1-9. G. Cunninghamia. R. Br.

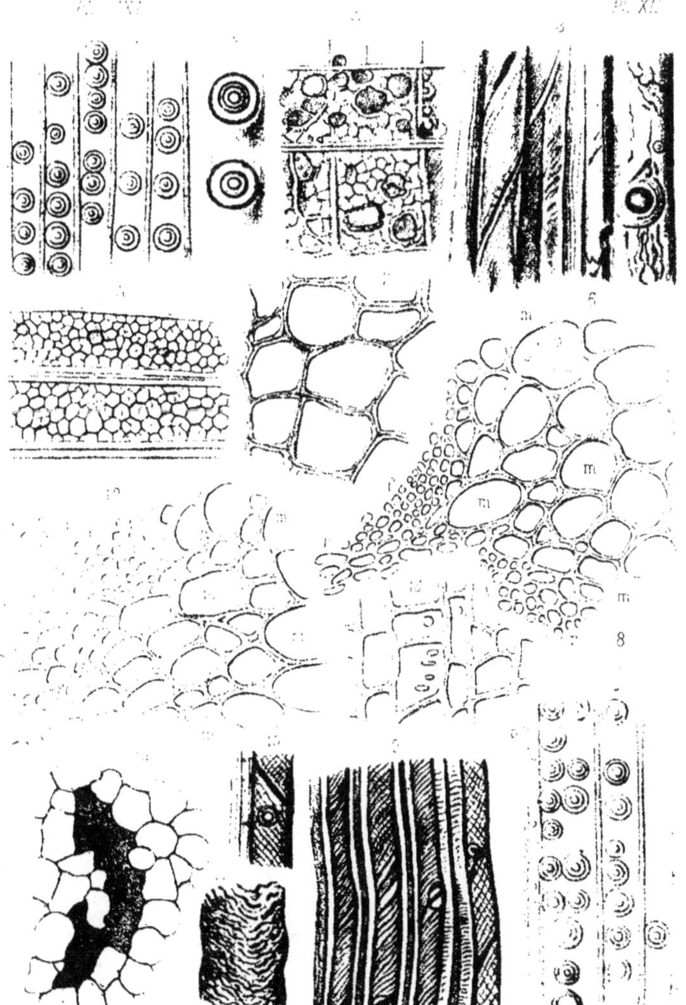

G. Masson Éditeur.

ABIÉTINÉES.

(Structure anatomique des tiges.)

G. Tsuga. Carr. 8 14 G. Abies. Link.

PALÉONTOLOGIE FRANÇAISE.

T. Jurassique. Végétaux. *Pl. CLXI* — *Tome III.* *Pl. XIII.*

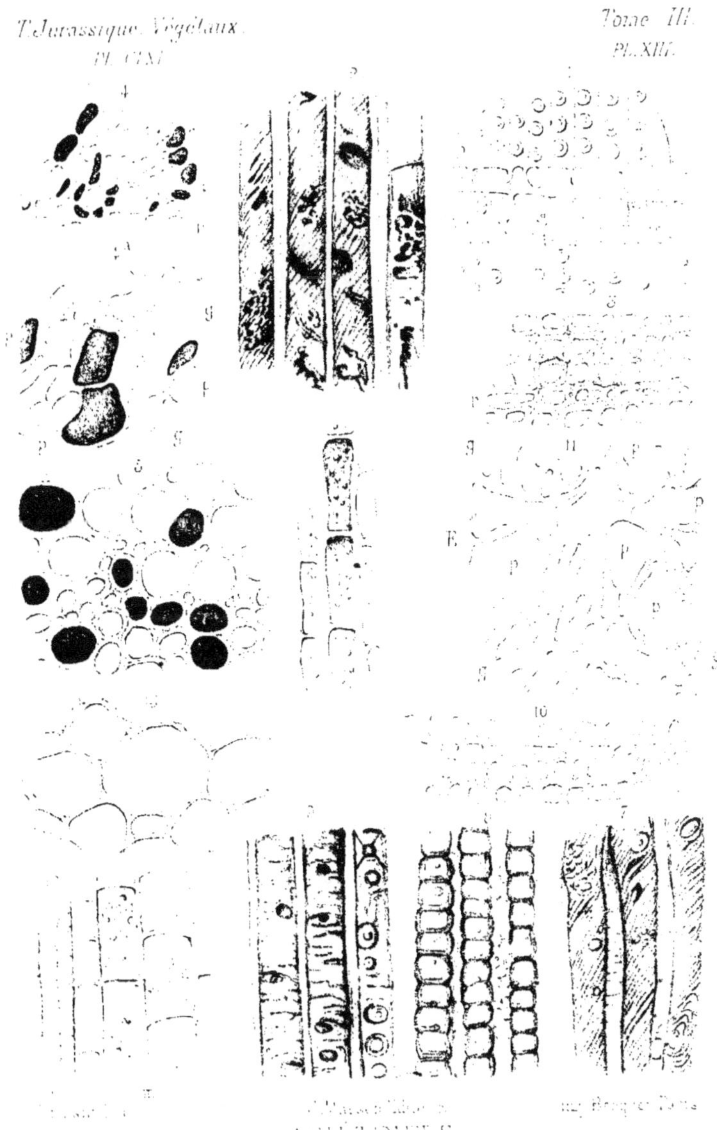

ABIÉTINÉES

(Structure anatomique des types.)

1–6. G. Cedrus, Link. 7–11. G. Pseudo-Tsuga, Carr.

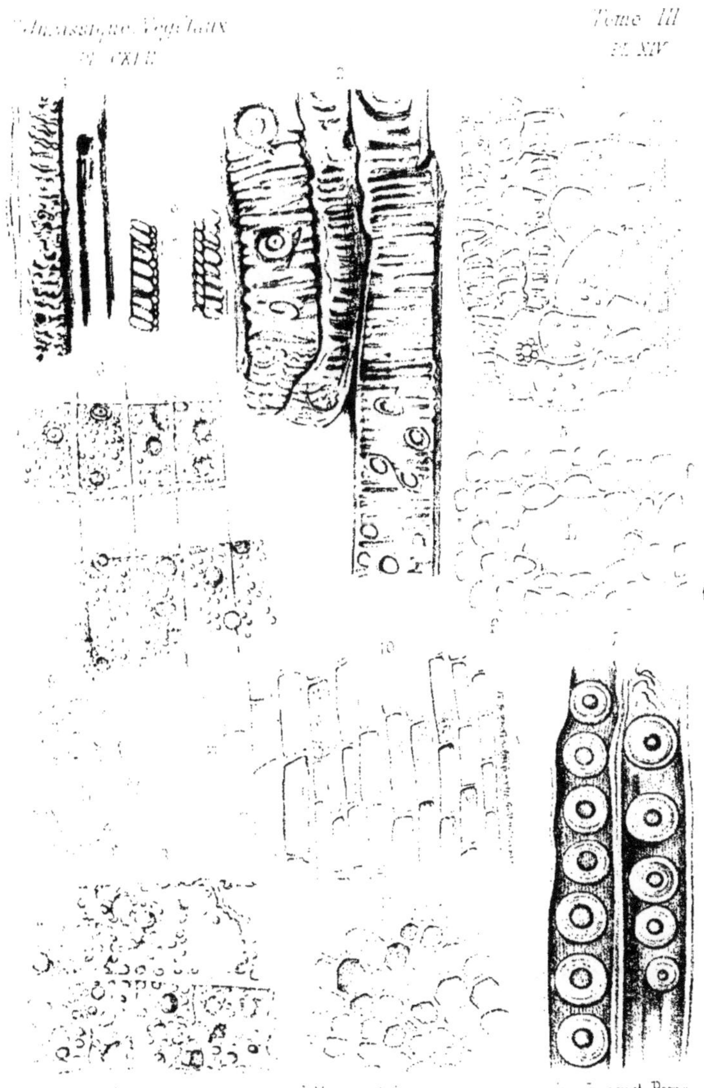

G. Masson Éditeur

Imp. Becquet Paris

ABIÉTINÉES.

(Structure anatomique des tiges.)

1-6. G. Picea. Link. — [illegible] G. Larix. Link.

G Masson éditeur

Imp Becquet Paris.

ABIÉTINÉES

Structure anatomique des tiges

Pinus

G. Masson Éditeur. Imp. Becquet Paris

SALISBURIÉES ACTUELLES.
Organes caractéristiques.
Salisburia. Sm.

Karmanski lith. G. Masson Éditeur. Imp. Becquet Paris.

ACICULARIÉES ACTUELLES.

(Organes caractéristiques.)

1. G. Salisburia Sm. | 5. G. Taxus. Tourn.
2-4. G. Cephalotaxus Sieb. et Zucc. 6-7. G. Dacrydium. Soland.
8. G. Saxe-Gothæa. Lindl.

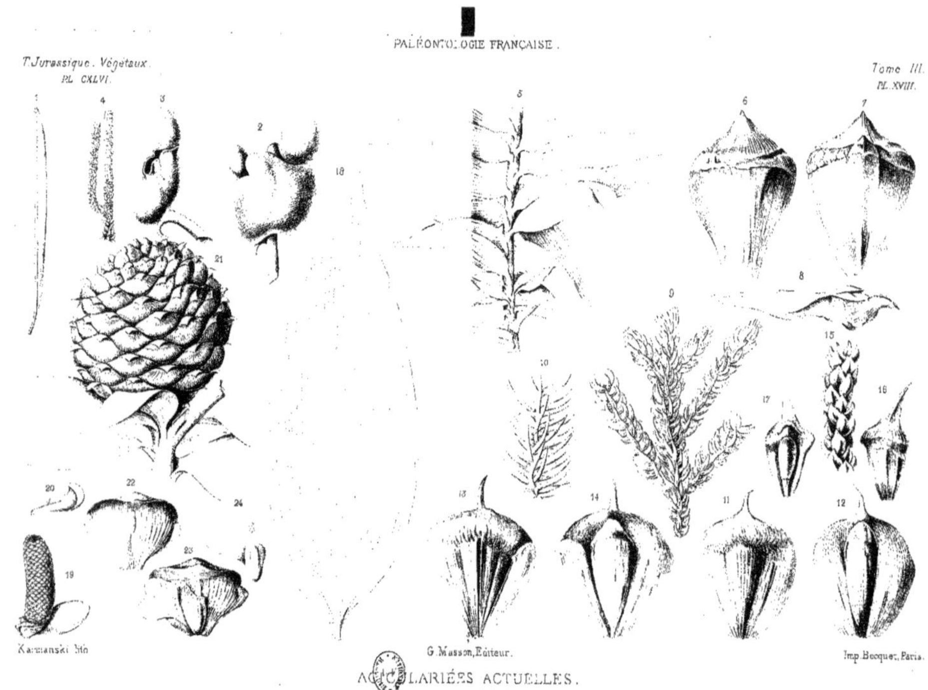

ACICULARIÉES ACTUELLES.
(Organes caractéristiques.)
1 _ 4. G. Podocarpus, L'Hérit. _ 5 _ 17. G. Araucaria, Juss. _ 18 _ 24. G. Dammara, Rumph.

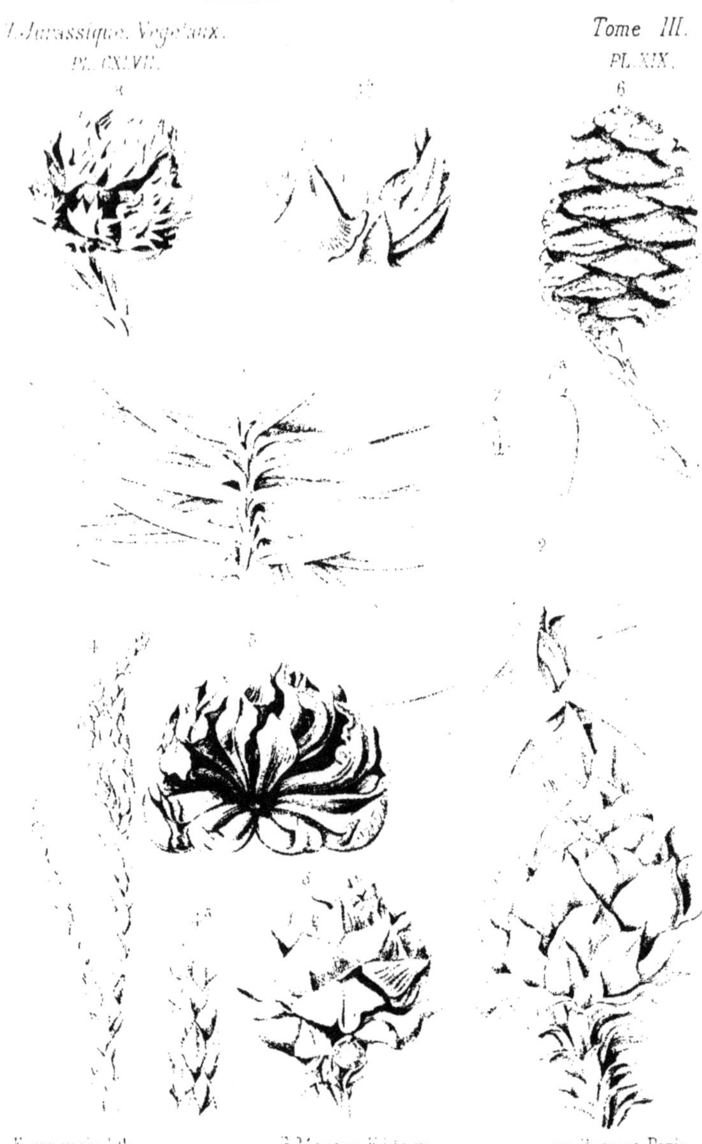

Kermanski lith | G. Masson Éditeur | Imp. Becquet. Paris.

ACICULARIÉES ACTUELLES.

(Organes caractéristiques.)

1 _ 3. G. Cunninghamia. R. Br. | 6 _ 7. G. Sequoia. Endl.
4 _ 5. G. Arthrotaxis. Don | 8. G. Cryptomeria. Don

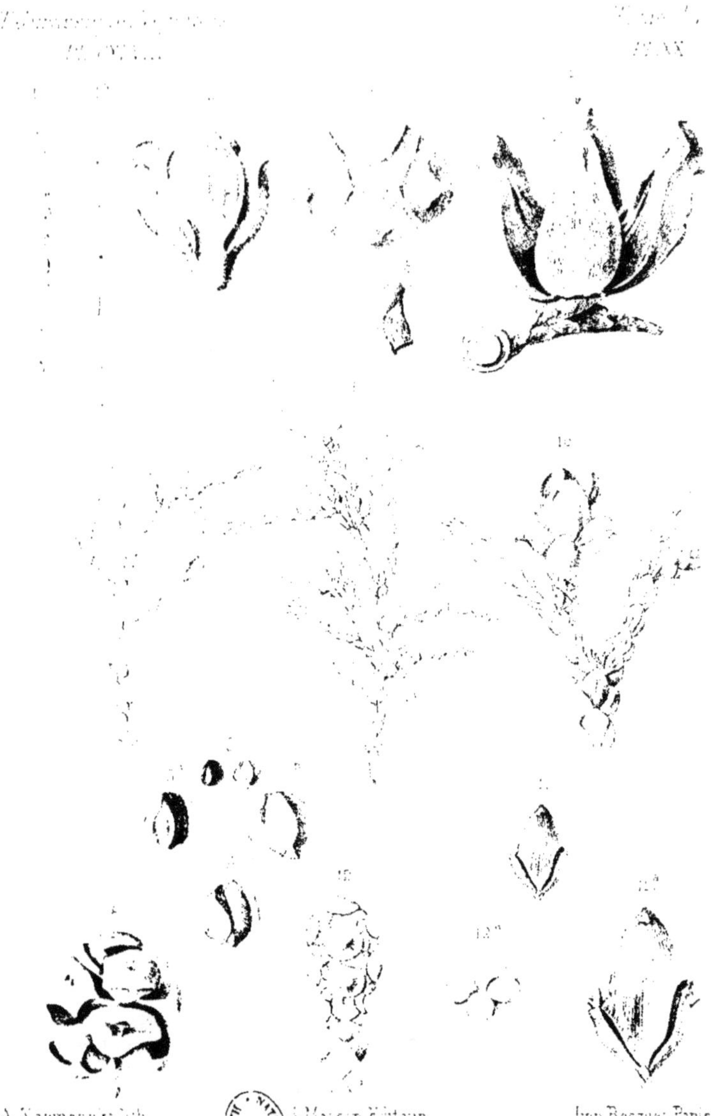

A. Karmanski lith. — G. Masson Éditeur. — Imp. Becquet Paris.

ACICULARIÉES ACTUELLES.

(Organes caractéristiques.)

1. 5. G. Widdringtonia. Endl. — 10. G. Thuyopsis. Sieb et Zucc.

6. 9. G. Chamæcyparis. Sp. — 11. G. Libocedrus. Endl.

12. G. [illegible]

A. Karmanski lith. G. Masson Editeur Imp. Becquet Paris.

ACICULARIÉES ACTUELLES.

(Organes caractéristiques.)

1. G. Tsuga. Carr.	5_6. G. Cedrus. Link.
2_4. G. Abies. Link.	7_10. G. Pinus. Endl.

A. Karmanski lith. — G. Masson Éditeur — Imp. Becquet Paris.

ACICULARIÉES PRIMITIVES.

1. Antholithus Crepini. Sap.
2. A. ——— (Cardiocarpus) anomalus. Carruth.
3. A. ——— „ ——— Lindleyi. Carruth.
4. Trigonocarpus Nœggerathi. Brongn.
5. Cardiocarpus Gutbieri. Gein.
6. C. ——— drupaceus. Brongn.

7-8. Cardiocarpus (Samaropsis) cornutus. Daws.

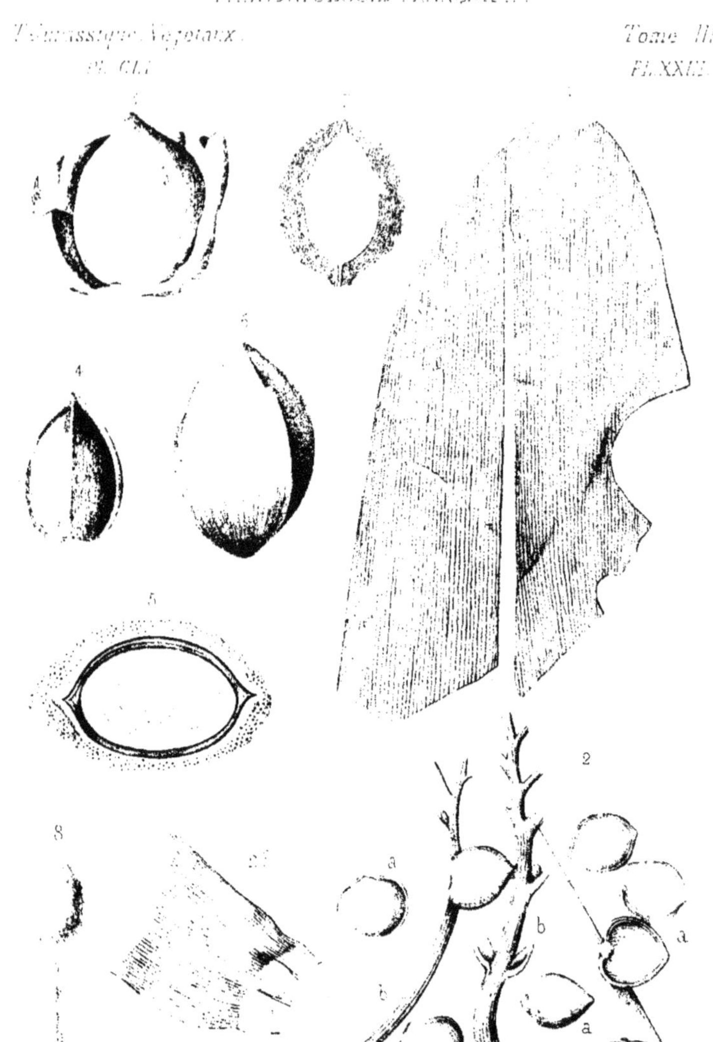

A. Karmanski lith. — G. Masson, Éditeur. — Imp. Becquet Paris.

ACICULARIÉES PRIMITIVES.

1 et 2? Cordaites borassifolius. Brongn.?
2. Cardiocarpus. (Cyclocarpus Goepp.) Sp.
3 . . 4 Rhabdocarpus Sp.
5. Rhabdocarpus subtunicatus. Grand'Eury.
6. Trigonocarpus Sp.
7. Leptocaryon avellana Brongn.
8. 9 Taxospermum Gruneri. Brongn.

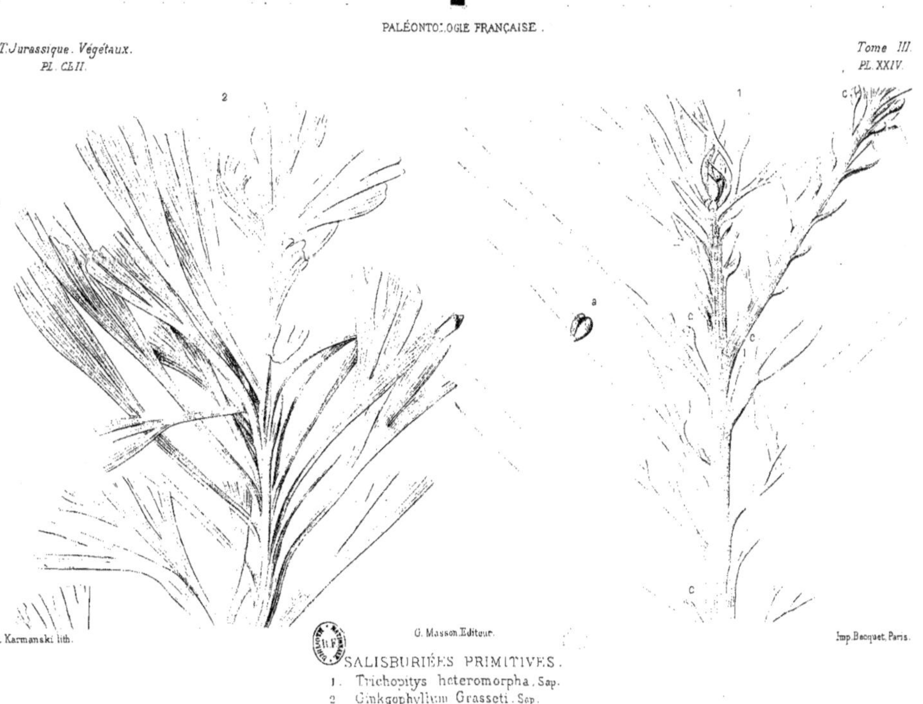

A Karmanski lith.
G. Masson Editeur.
Imp. Becquet, Paris.

SALISBURIÉES PRIMITIVES.

1. Trichopitys heteromorpha. Sap.
2. Ginkgophyllum Grasseti. Sap.

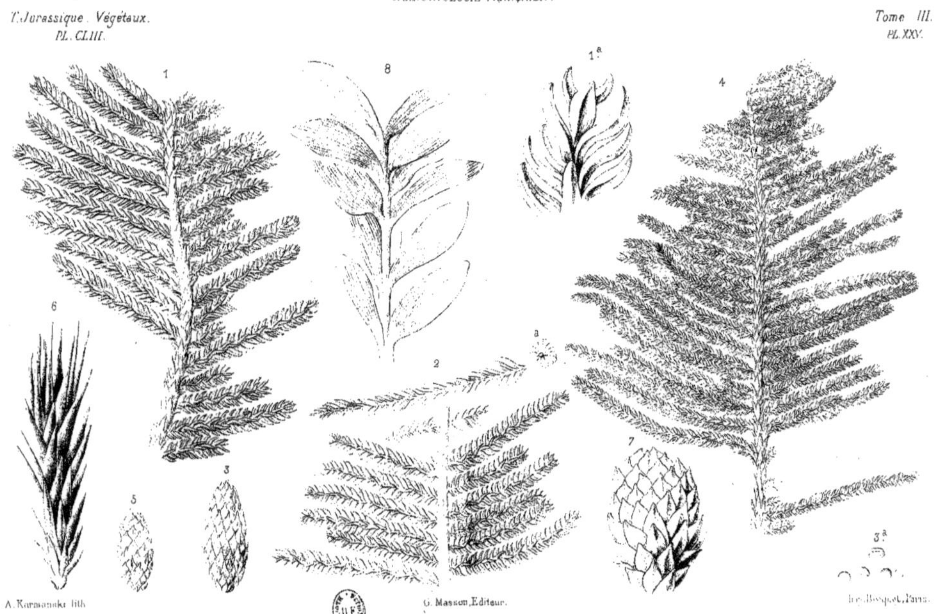

A. Kormanski lith. — G. Masson, Éditeur. — Imp. Becquet, Paris.

CONIFÈRES PRIMITIVES.

(Walchiées et Dammarées.)

1_3. Walchia piniformis, Sternb. | 6. Ulmannia frumentaria, Gœpp.
4_5. W. —— hypnoides, Brongn. | 7. U. —— Bronnii, Gœpp.
8. Albertia Braunii, Schimp.

PALÉONTOLOGIE FRANCAISE.

T. Jurassique Végétaux. Pl. CLIV.

Tome III. Pl. XXVI.

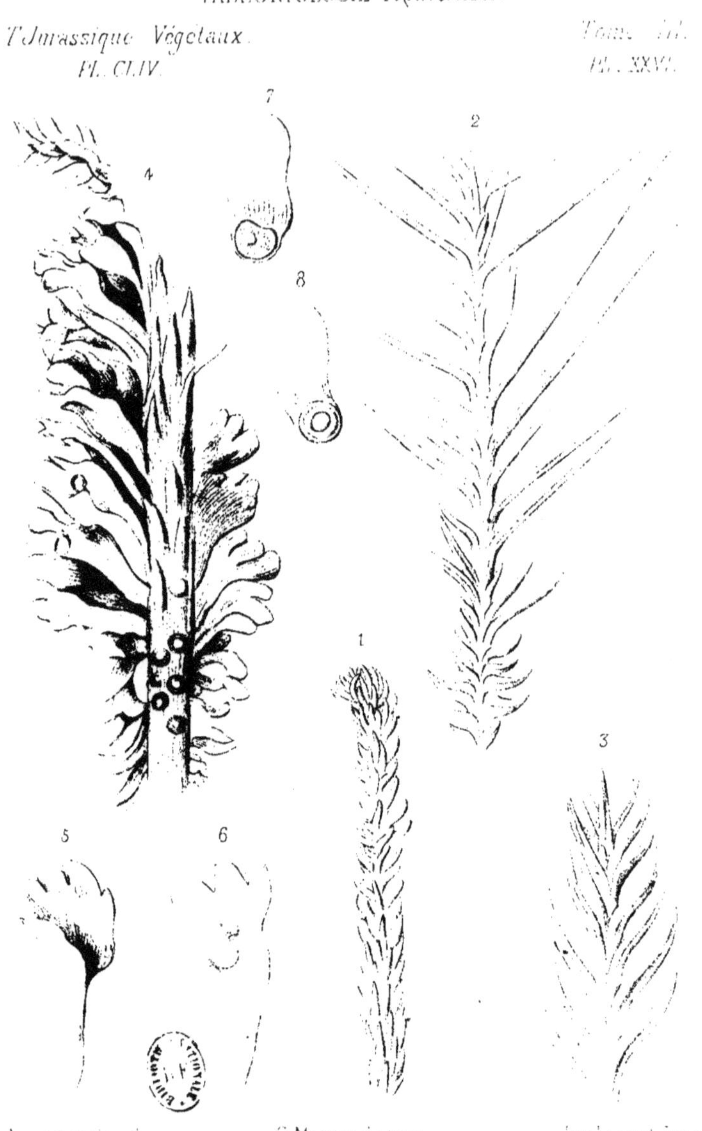

G. Masson Éditeur

Voltzia heterophylla.

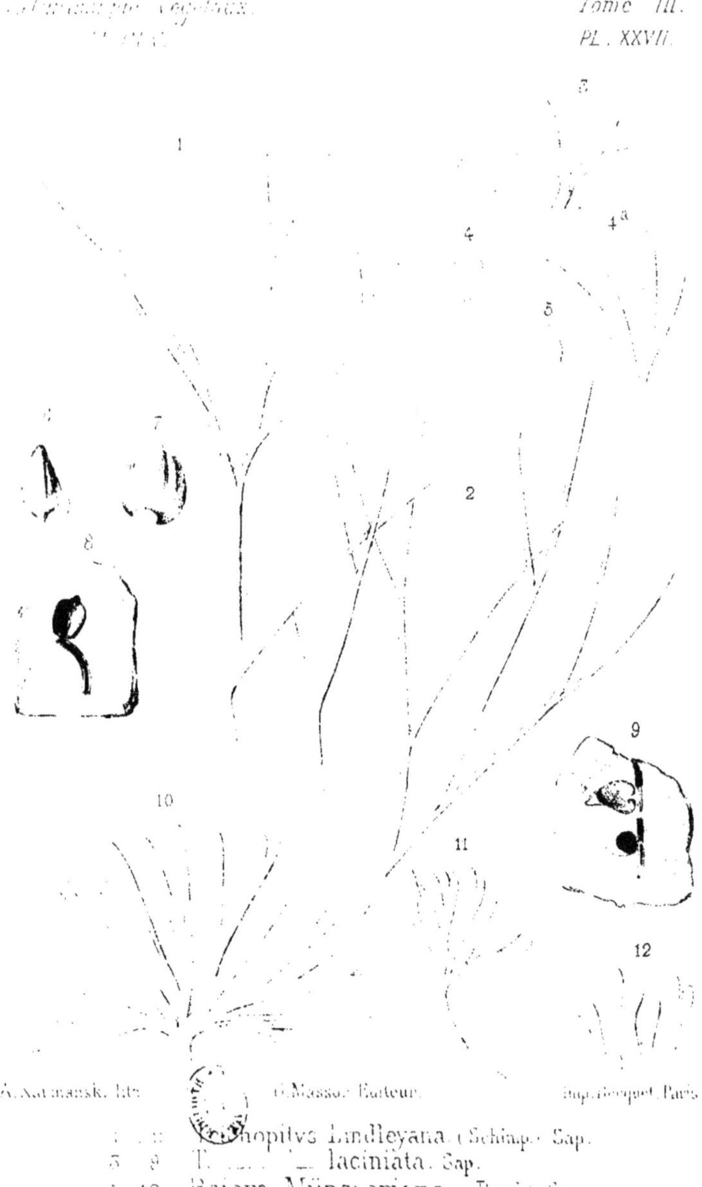

A. Karmanski lith. G. Masson Éditeur. Imp. Becquet, Paris

1 à 4 Trichopitys Lindleyana (Schimp.) Sap.
5 à 9 T. laciniata. Sap.
10 à 12 Baiera Münsteriana (Presl.) Sap.

PALÉONTOLOGIE FRANÇAISE.

T. Jurassique. Végétaux. Pl. CLXI

Tome II. Pl. XXVIII.

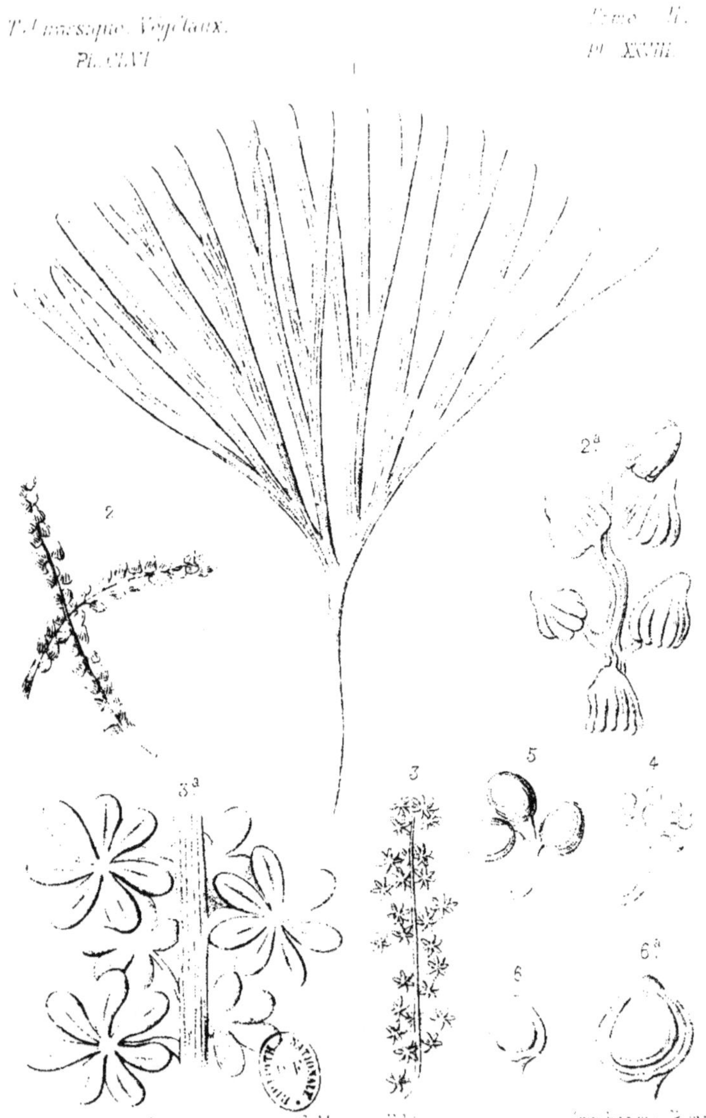

A. Karmanski lith. G. Masson Éditeur. Imp. Becquet, Paris.

1-6. Baiera Münsteriana, (Presl) Sap.

1-3. Baiera Münsteriana [illegible] Sap.
4. B. [illegible] gracilis Sap.

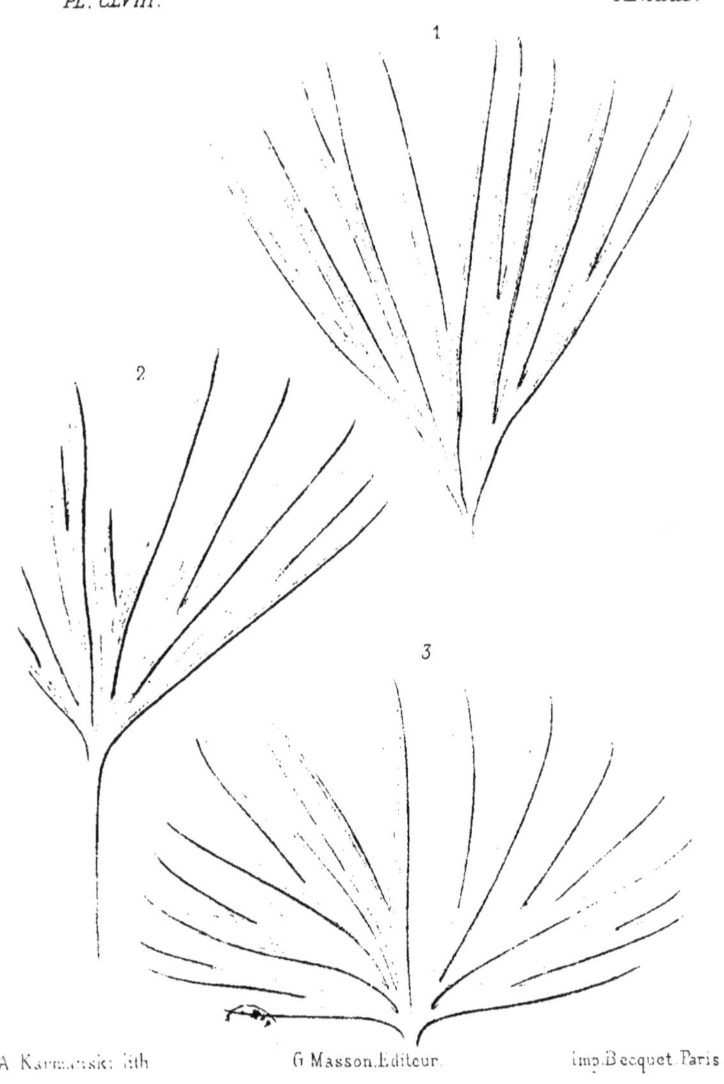

A. Karmanski lith. G. Masson, Editeur. Imp. Becquet, Paris.

1 _ 3. Baiera gracilis. Bunb.

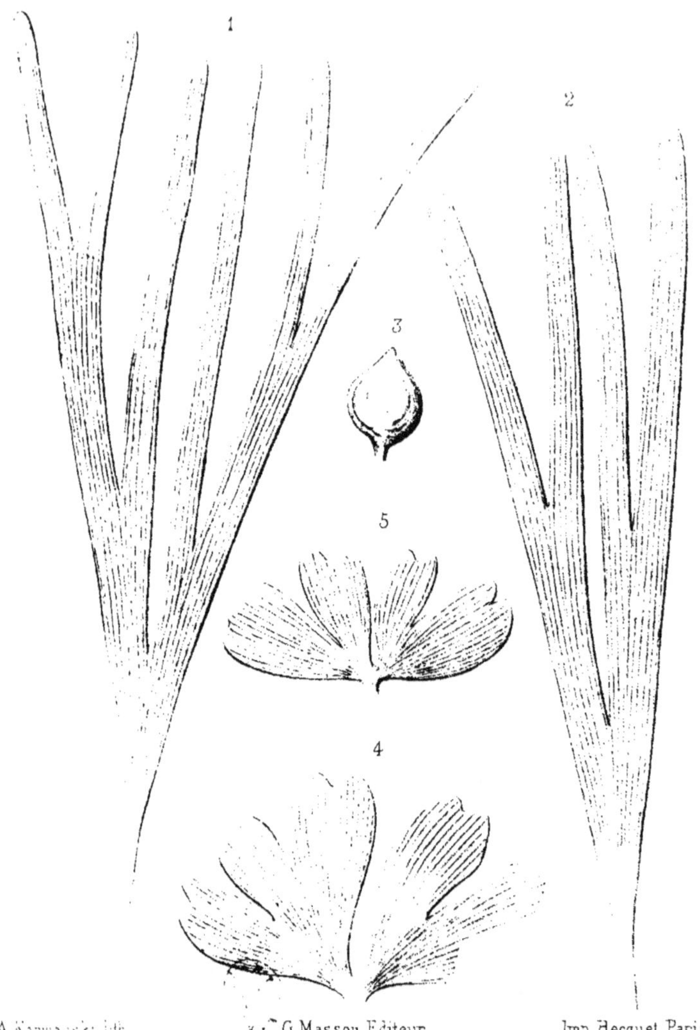

A. Karmanski lith. G. Masson, Editeur. Imp. Becquet Paris.

1 . 3 . Baiera longifolia (Pom.) Heer.
4 . 5 . Salisburia Huttoni. (Sternb.) Heer.

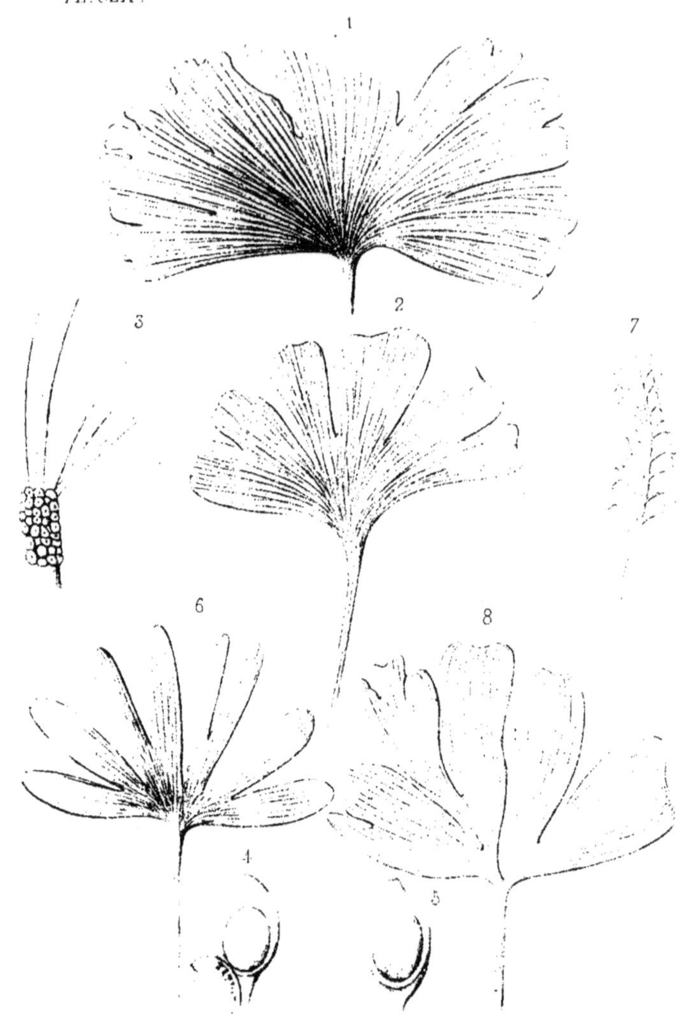

A. Karmanski lith. G. Masson. Editeur. Imp. Becquet. Paris.

1 _ 5. Salisburia digitata, (Brongn.) Heer.
6 _ 7 S. ______ sibirica Heer.
8. S. ______ Huttoni. (Sternb.) Heer.

PALÉONTOLOGIE FRANÇAISE.

T. Jurassique. Végétaux. PL. CLXI.

Tome III. PL. XXXIII.

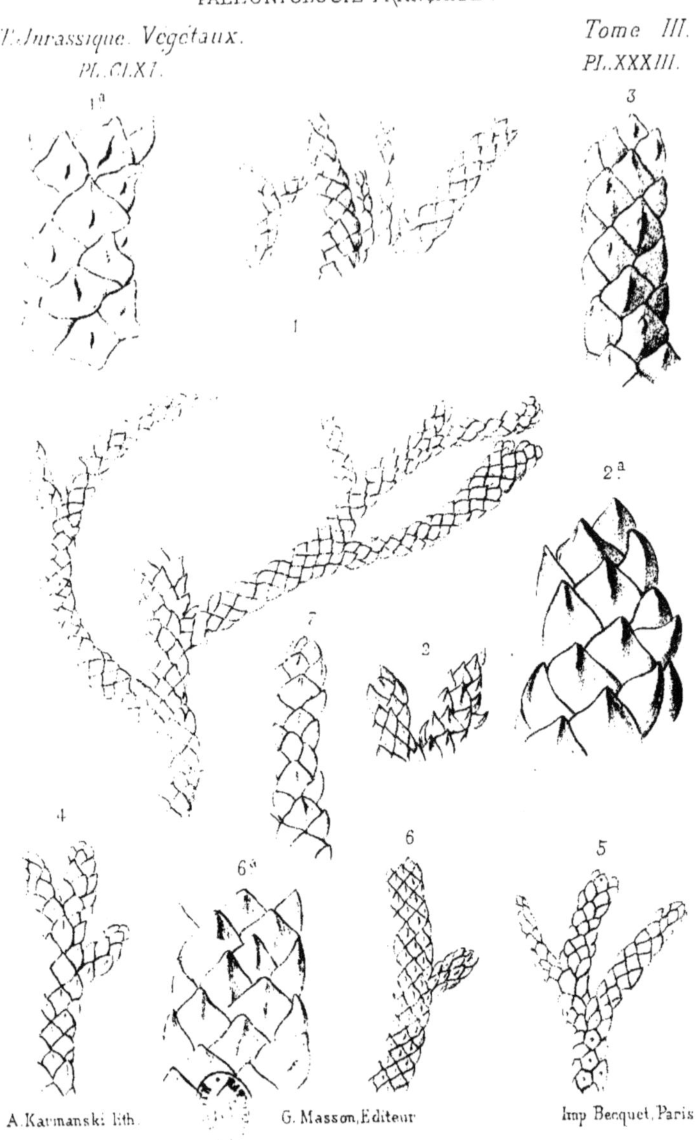

A. Karmanski lith. G. Masson, Éditeur. Imp. Becquet, Paris.

1 _ 7. Brachyphyllum Papareli, Sap.

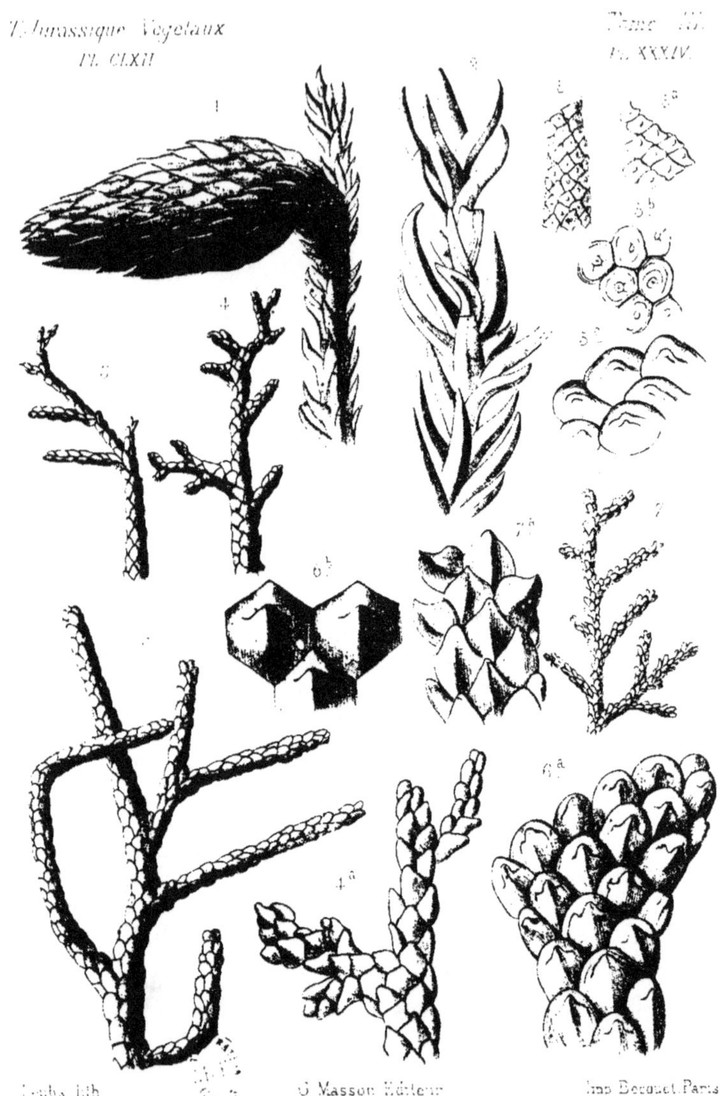

... lith. G. Masson Éditeur Imp. Becquet, Paris.

1. 2. Pachyphyllum ? Williamsoni. (Lindl. et Hutt.) Schimp.
3. 7. Brachyphyllum mamillare. Brong.

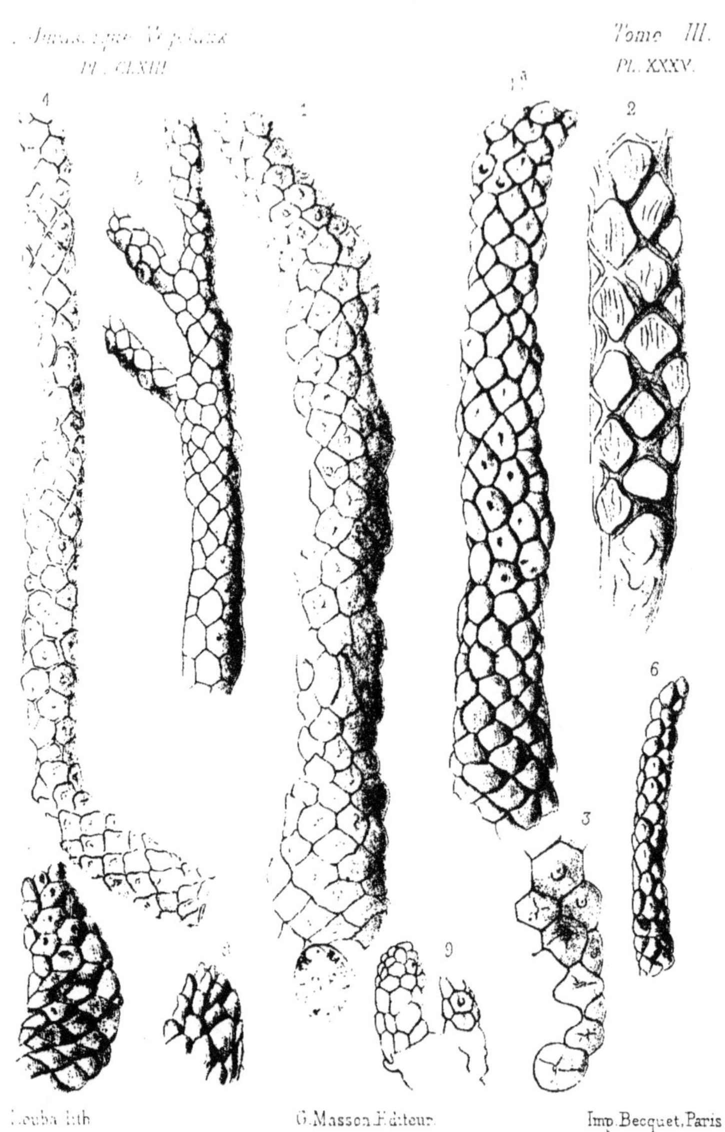

Louba lith. G.Masson Éditeur. Imp. Becquet, Paris.

1_9. Brachyphyllum Desnoyersii, (Brongn.) Sap.

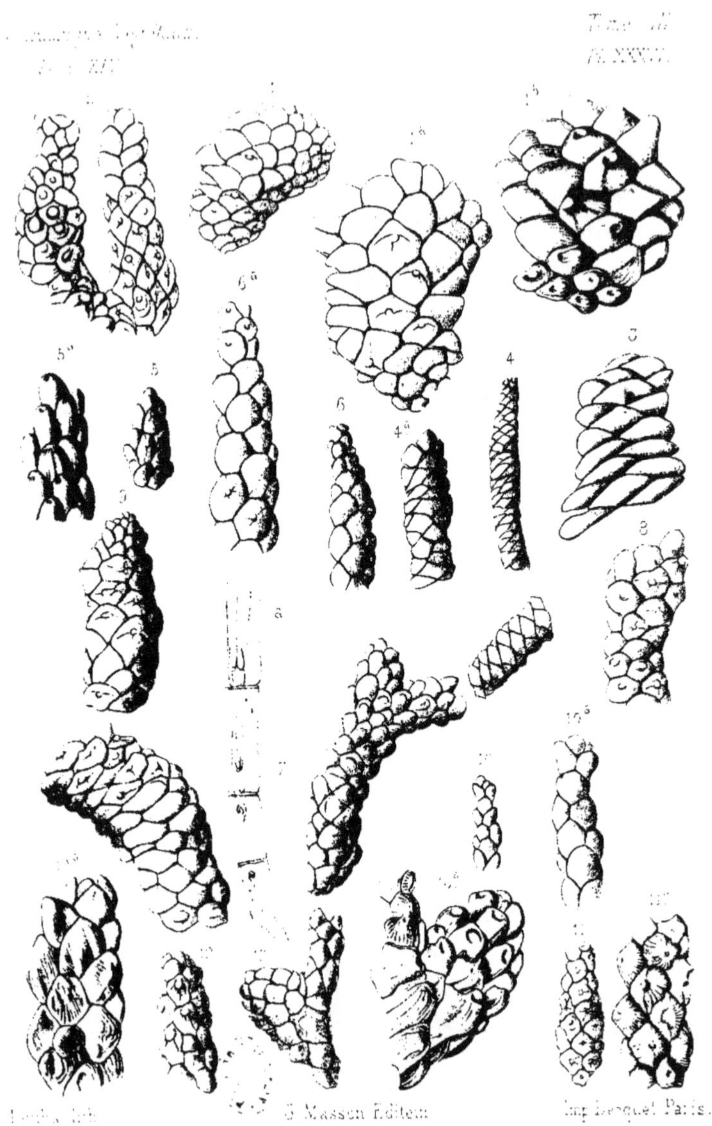

G. Masson Éditeur

Imp. Becquet Paris.

Brachyphyllum Desnoyersi Brongn. Sp.

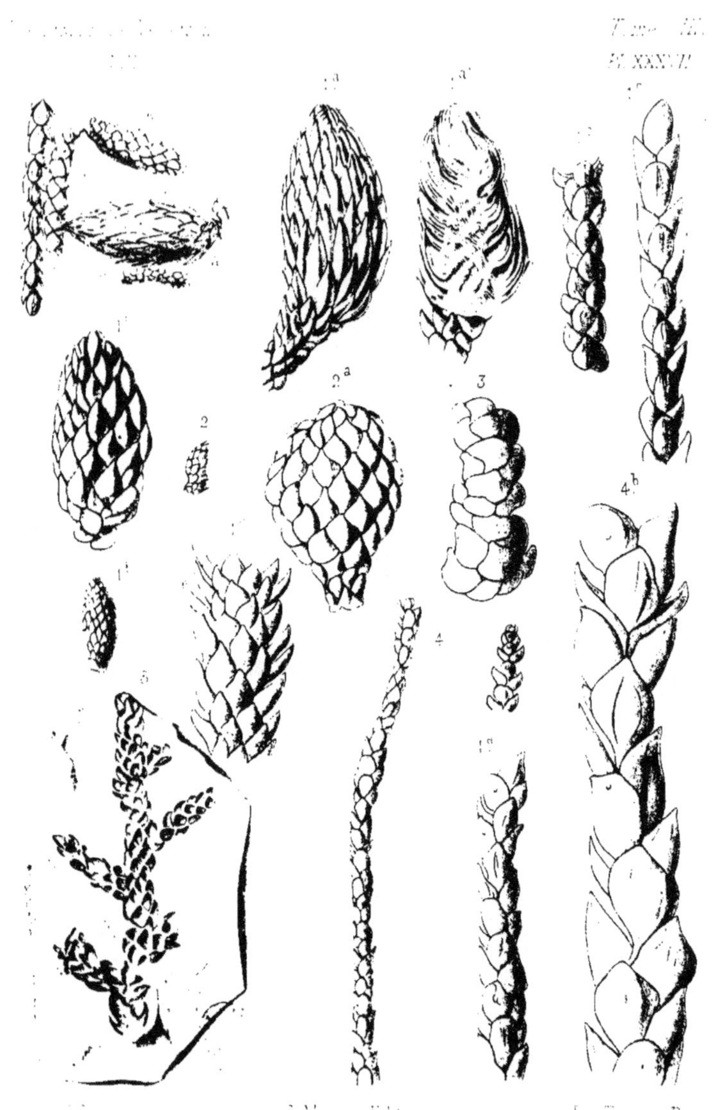

J. Masson Éditeur — Imp. Becquet, Paris.

1-4 Brachyphyllum Jauberti (Pom.) Sap.
5 B. ——— Moreauanum Brongn.

PALÉONTOLOGIE FRANÇAISE.

T. Jurassique Végétaux. Pl. CLXVI. — Tome III. Pl. XXXVIII.

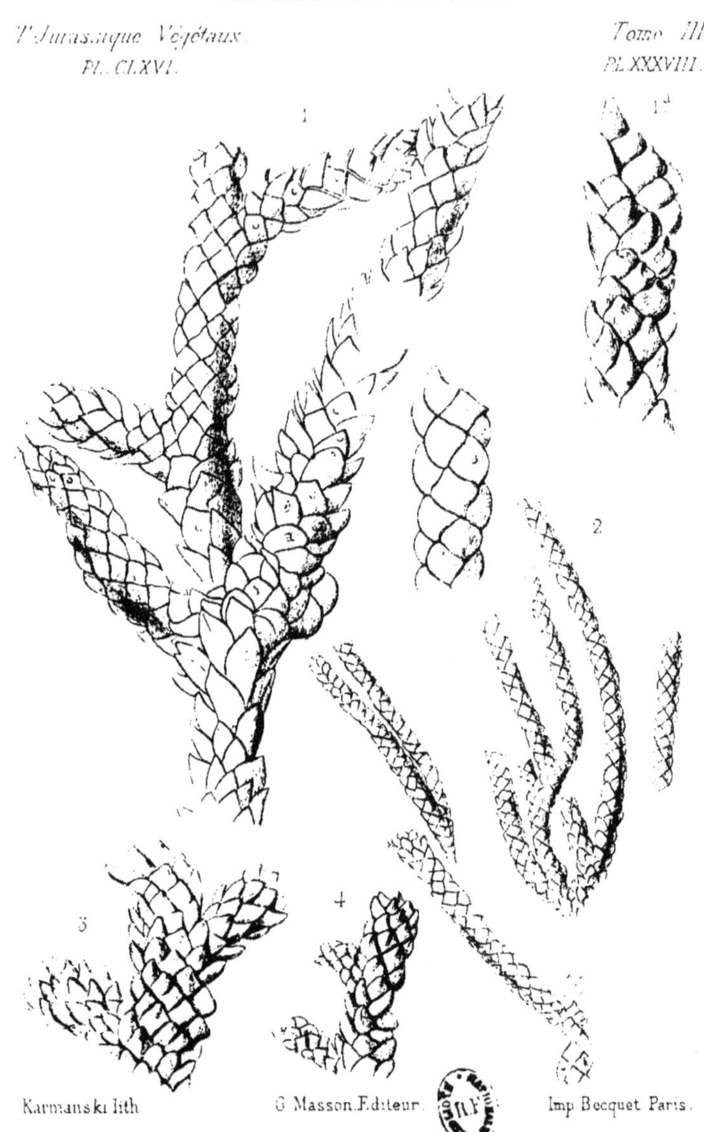

1_4. Brachyphyllum Moreauanum, Brongn.

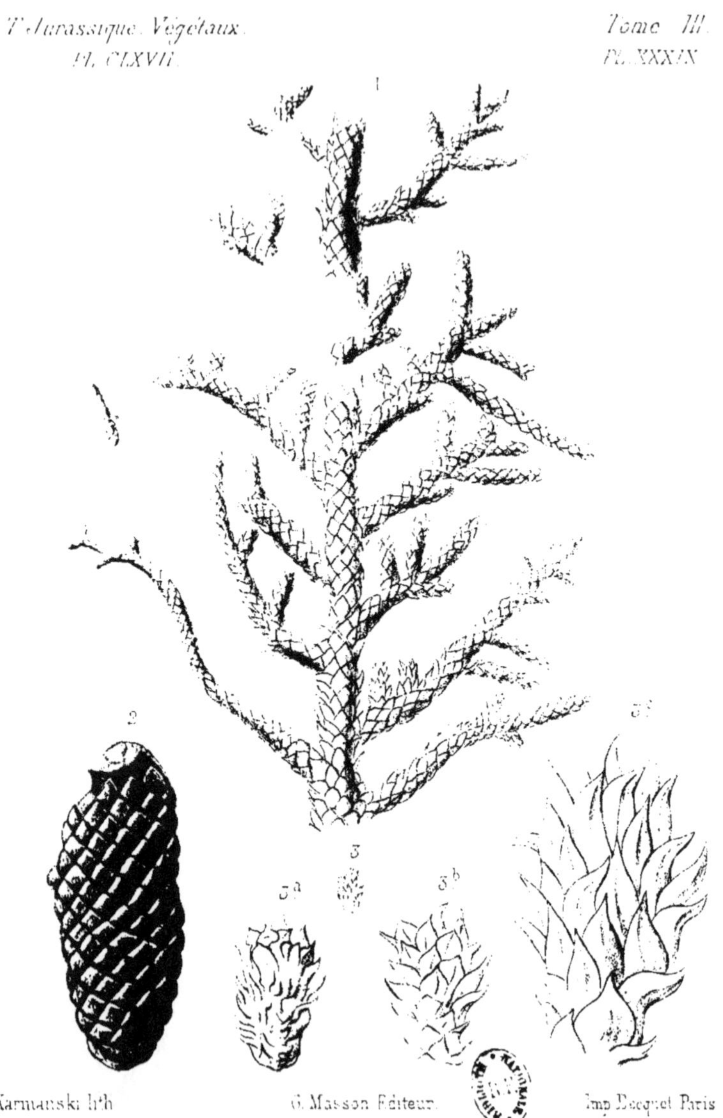

Karmanski lith.   G. Masson Éditeur.   Imp. Becquet Paris

1_3. Brachyphyllum Moreauanum. Brongn.

Kaminski lith. G. Masson, Editeur. Imp. Becquet Paris.

1. Brachyphyllum Moreauanum. Brongn.
2. B.———— gracile, Brongn.
3–5. B.———— nepos, Sap.

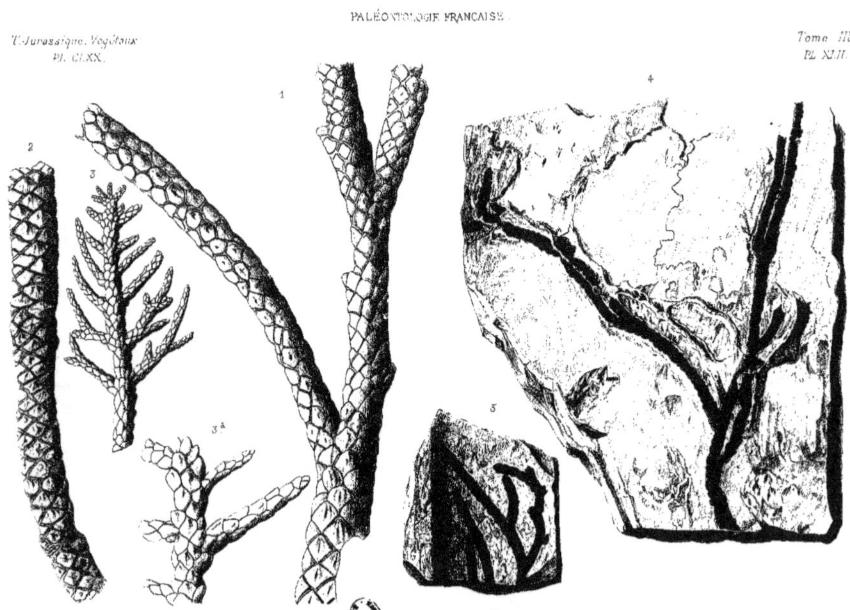

Jauba lith.

G. Masson, Editeur.

Imp. Becquet, Paris.

1 _ 3. Brachyphyllum nepos, Sap.
4 _ 5. B. ___ ___ gracile, Brongn.

1. 9. Brachyphyllum gracile, Brongn.

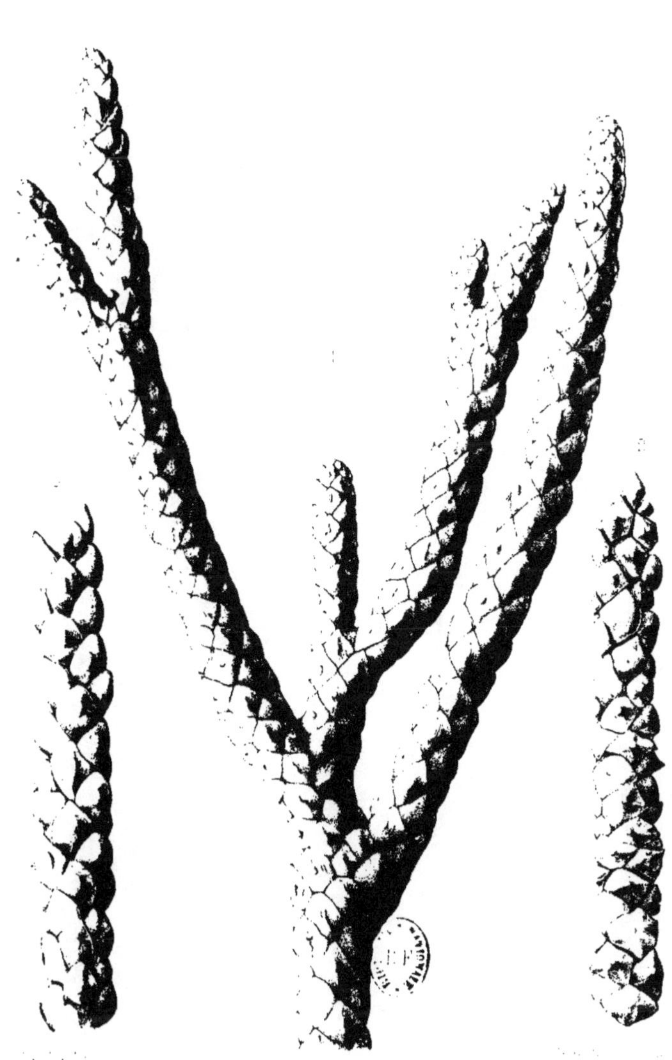

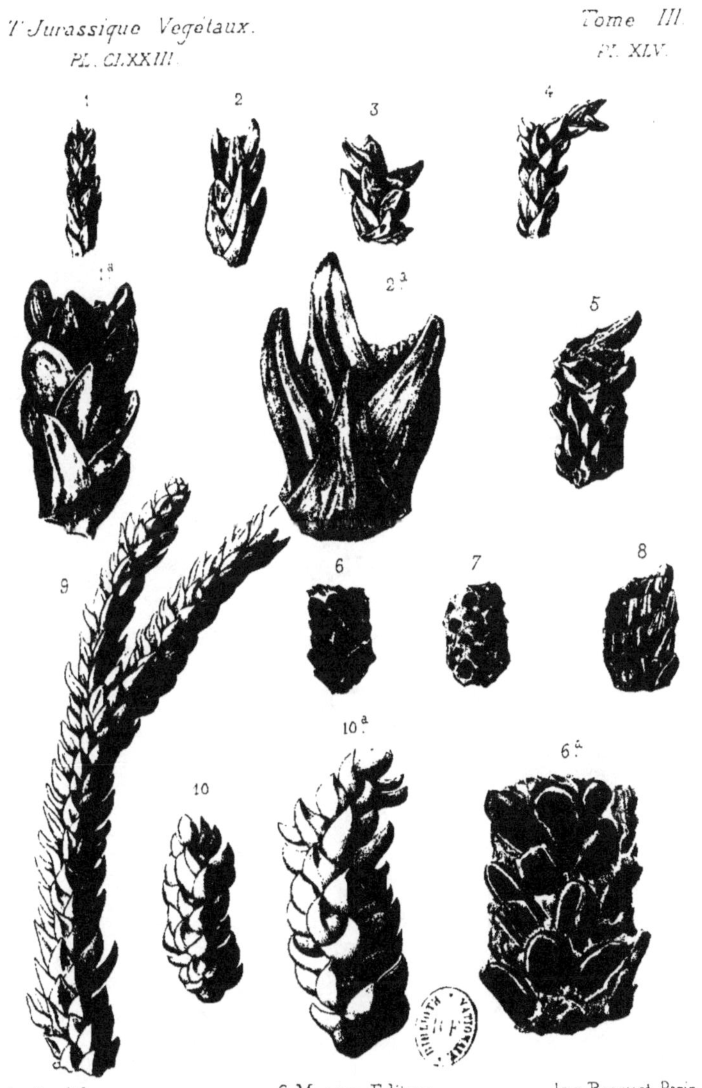

Leuba lith. G Masson, Éditeur. Imp. Becquet. Paris.

1_4. Pachyphyllum ? Brardianum (Brongn.). Sap.
6_8. Ulmannia (Pachyphyllum ?) Bronni. Gœpp.
9_10. Pachyphyllum peregrinum, Schimp.

[illegible] lith. G. Masson Editeur. Imp. Becquet, Paris.

Pachyphyllum peregrinum. Schimp.
(Araucaria peregrina. Lindl. et Hutt.)

Leuba lith. G. Masson Éditeur. Imp. Becquet. Paris.

1. 2. Pachyphyllum peregrinum. Schimp.

Leuba lith. G. Masson Editeur. Imp. Becquet Paris.

1 – 3. Pachyphyllum peregrinum, Schimp.

Leuba lith. G Masson, Editeur. Imp Becquet, Paris.

1. 3. Pachyphyllum rigidum. (Pom.). Sap.

Leuba lith. G. Masson Éditeur. Imp. Becquet. Paris.

1 – 3. Pachyphyllum rigidum (Pom.). Sap.
4. P. ——— araucarinum (Pom.). Sap.

Lemba lith — G. Masson Éditeur — Imp. Becquet. Paris.

1. 7. Pachyphyllum rigidum (Pom.), Sap.

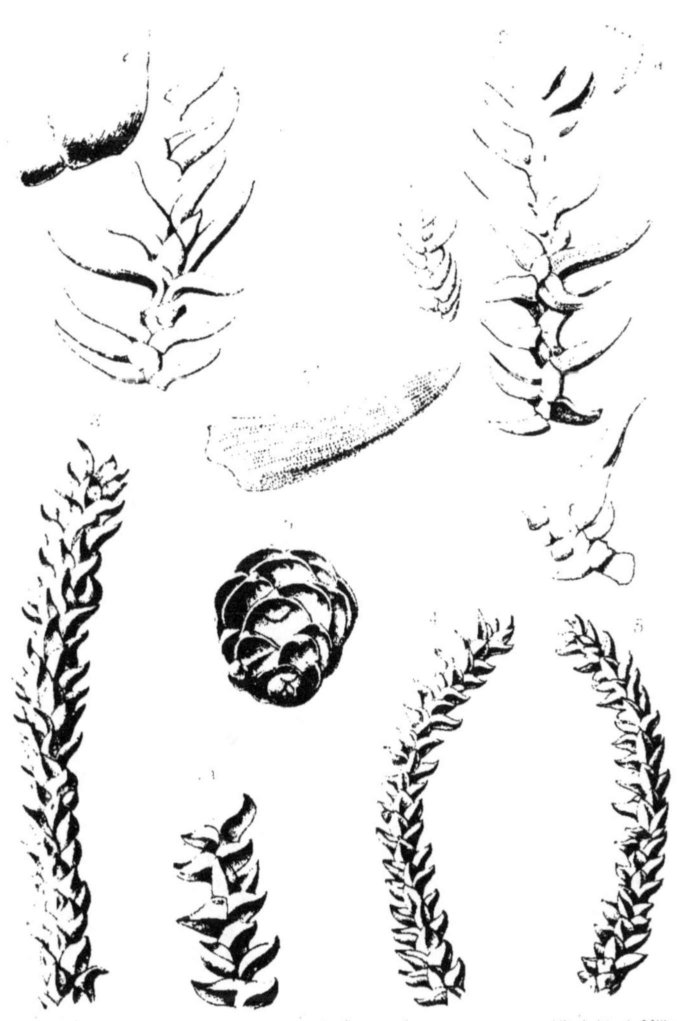

Leuba lith. G. Masson, Editeur. Imp. Becquet, Paris.

1_3. Pachyphyllum cirinicum, Sap.

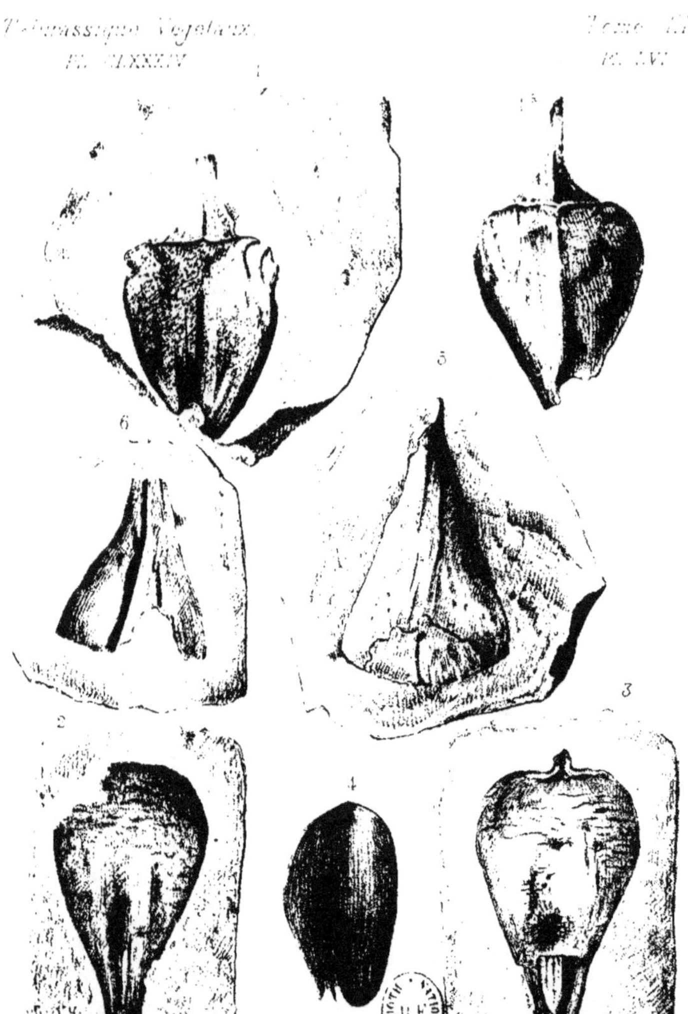

Leuba lith. G. Masson Editeur. Imp. Becquet Paris

1. 6. Araucaria Moreauana. Sap.

G. Masson, Éditeur. Imp. Becquet, Paris.

Araucaria Moreauna, Sap.

PALÉONTOLOGIE FRANÇAISE.

T. Jurassique Végétaux. Tome III.

Pl. CLXXXVI. Pl. LVIII.

Leuba lith. G. Masson Éditeur. Imp. Becquet, Paris.

1_5. Araucaria microphylla. Sap.

6_9. A.___ ___ Falsani. Sap.

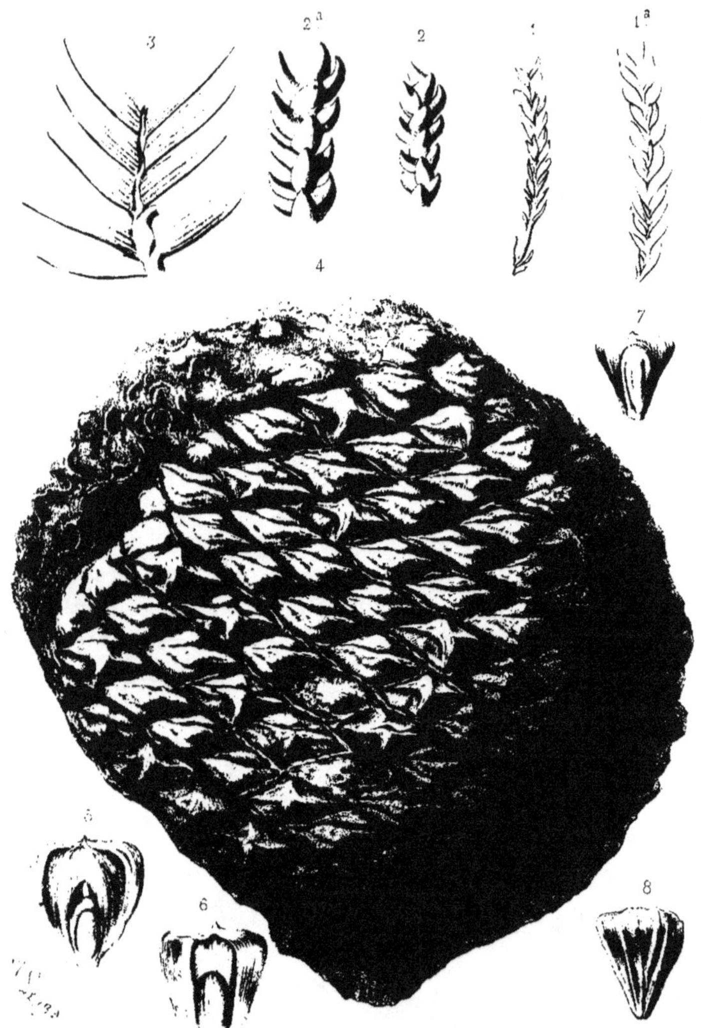

Debray lith. G. Masson. Editeur. Imp. Becquet. Paris

1. Araucaria Falsani. Sap.
2. A. —— lepidophylla. Sap.
3. A. —— microphylla. Sap.
4. Araucaria sphærocarpa, Carr.
5. 6. A. —— Brodiei, Carr.
7. 8. A. —— Phillipsii, Carr.

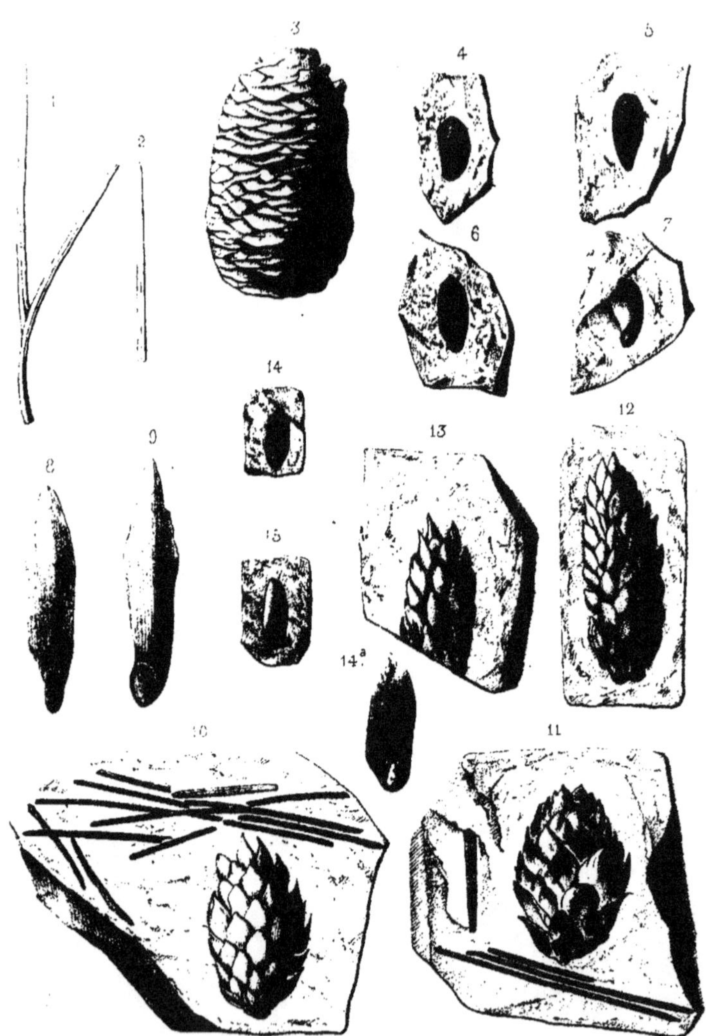

Lemba lith. G. Masson Editeur. Imp. Becquet Paris

1-7. Pinites Lundgreni, Nath.	10, 11. Elatides ovalis, Hr.
8, 9. P. Nilssoni, Nath.	14, 15. Pinus Maakiana, Hr.

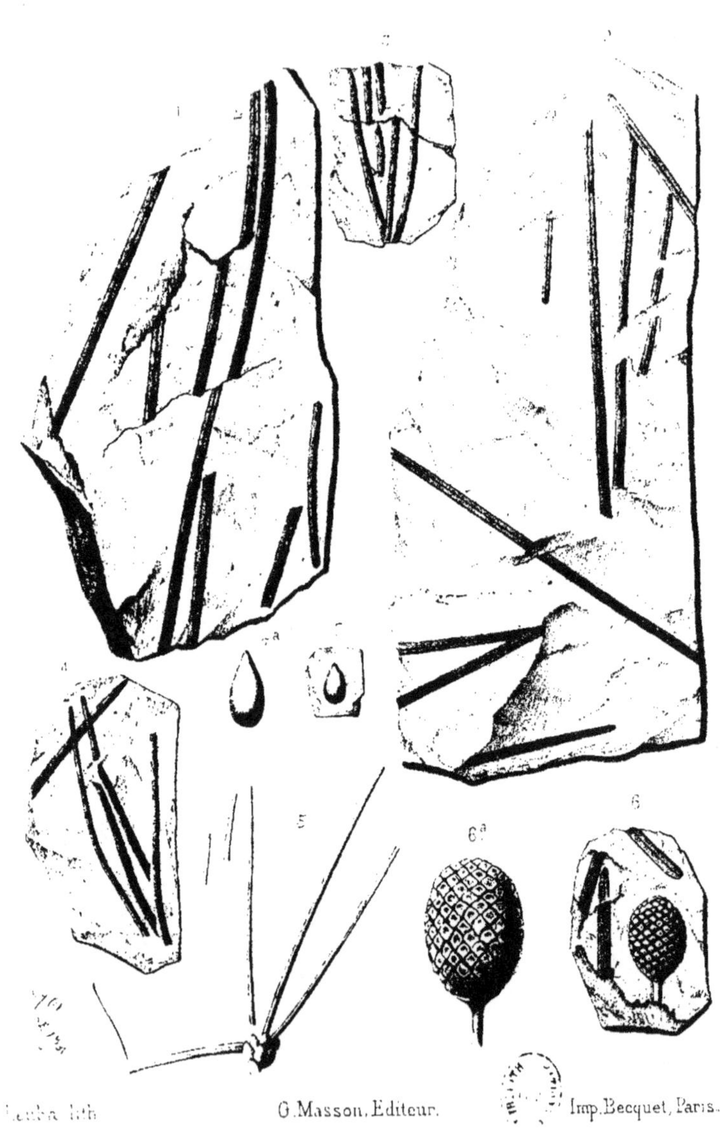

lith. G. Masson, Editeur. Imp. Becquet, Paris.

1–7. Pinus prodromus. Hr.

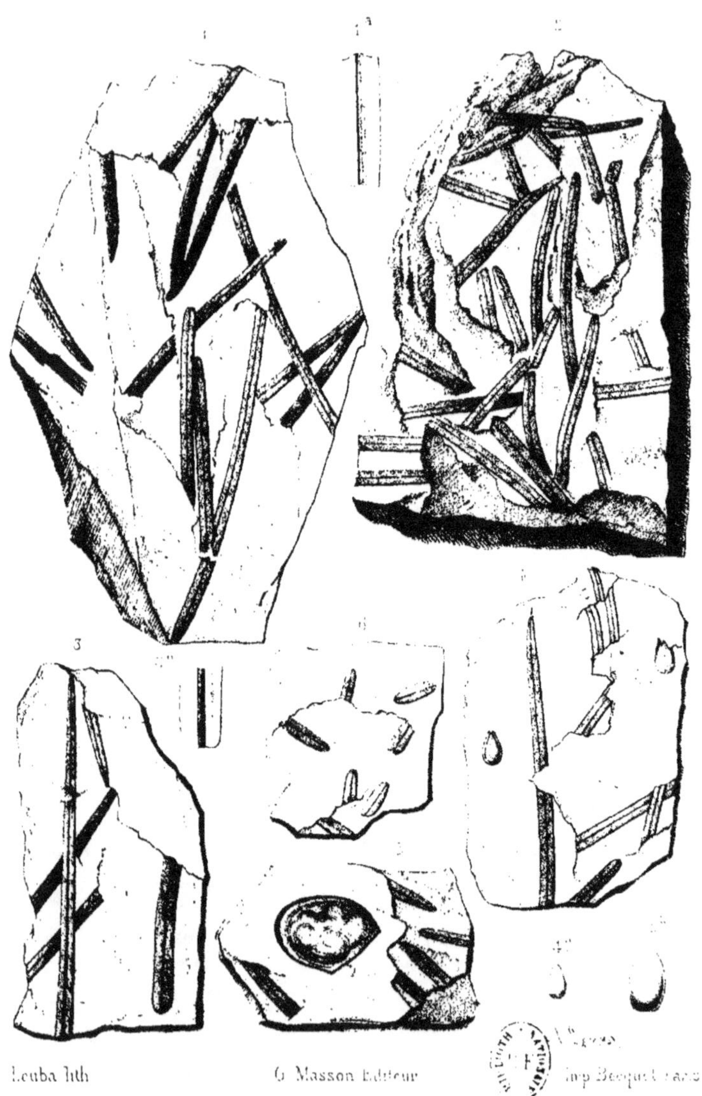

Leuba lith — G. Masson Éditeur — Imp. Becquet, Paris

1–5. Pinus Nordenskiöldi. Hr.
6. P.___ microphylla. Hr.

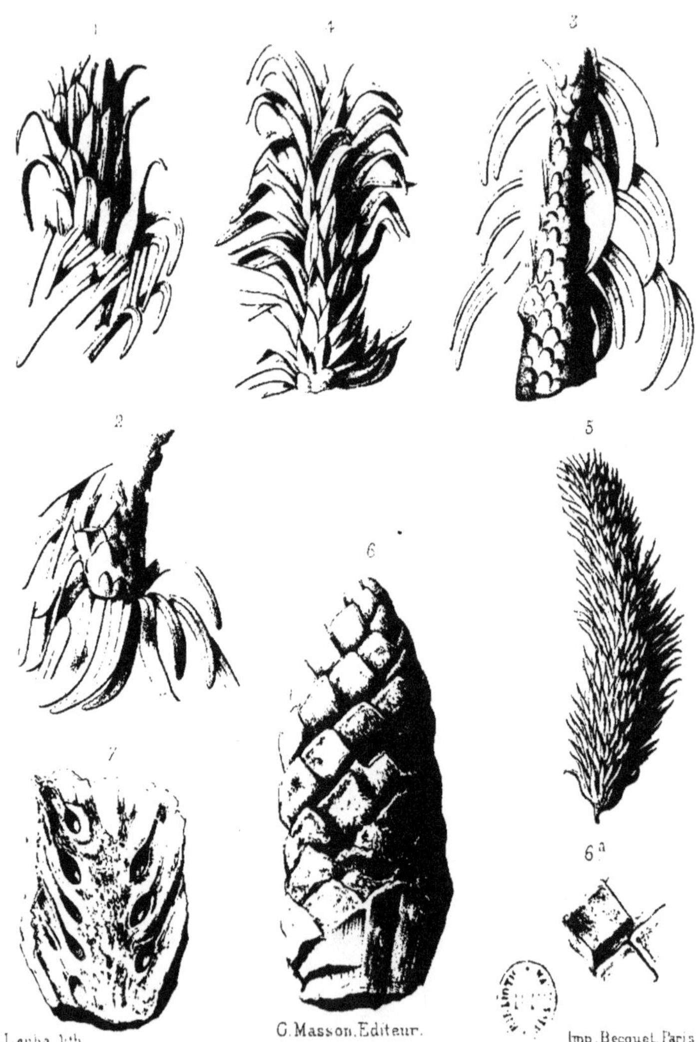

Lemba lith. G. Masson, Editeur. Imp. Becquet, Paris

1 _ 4. Camptophyllum, Schimperi, Nath.
5. Pinus Lundgreni ? Nath.
6 _ 7. P.___ Coemansi, Hr.

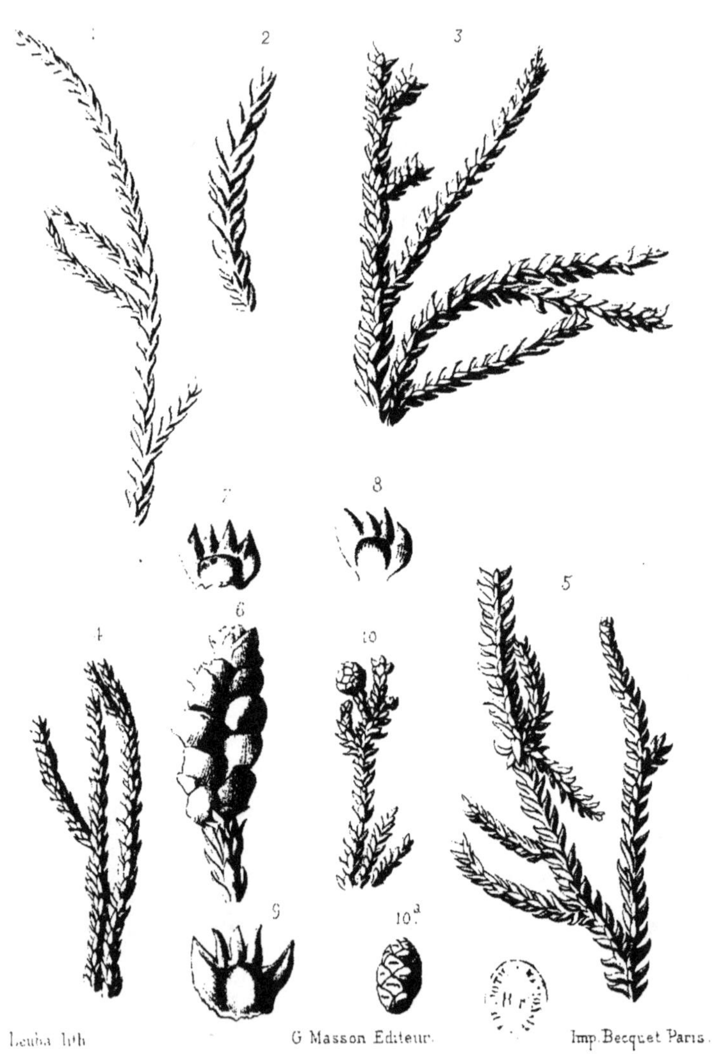

Leuba lith. G Masson Editeur. Imp. Becquet Paris.

1-10. Cheirolepis Münsteri (Schenk), Schimp.

[illegible] lith. G. Masson, Editeur. Imp. Becquet Paris.

1-8. Cheirolepis Escheri. Hr.

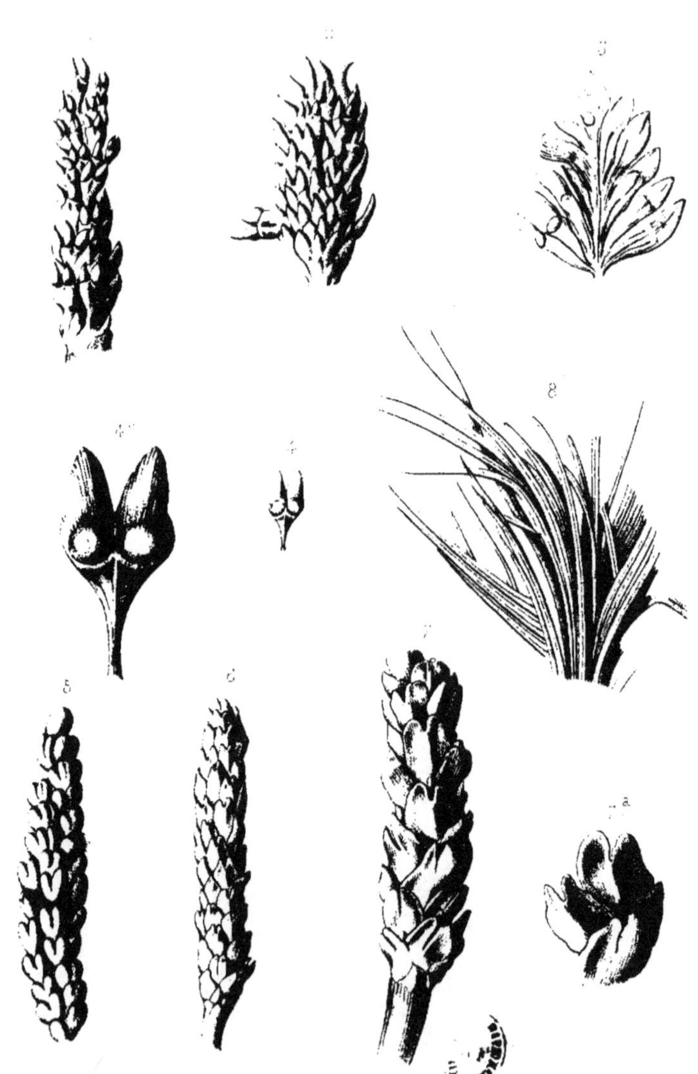

Leuba lith. — G. Masson Éditeur — Imp. Becquet Paris.

1 ... 4 Schizolepis Braunii Schk.
5 ... 8 S. ______ Follini Nath.

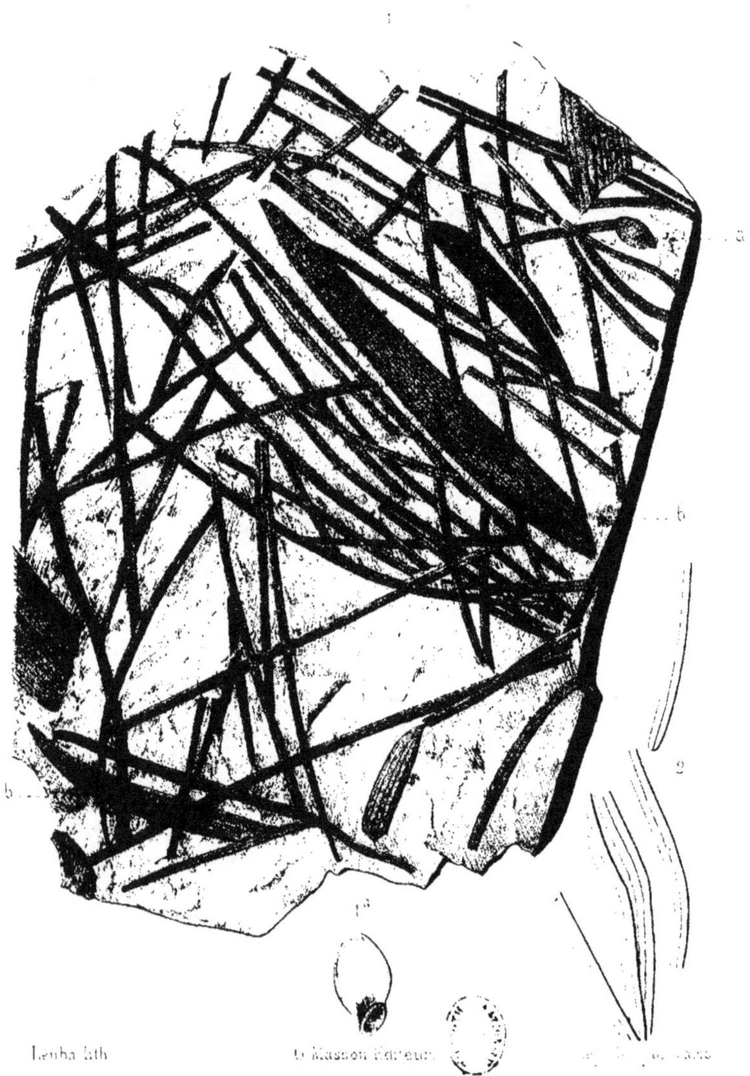

Lenba lith.

1. 2. Schizolepis Follini. Nath.
1a Pinus Lundgreni. Nath.

PALÉONTOLOGIE FRANÇAISE

Végétaux	*Tome III*
Pl. LXVIII

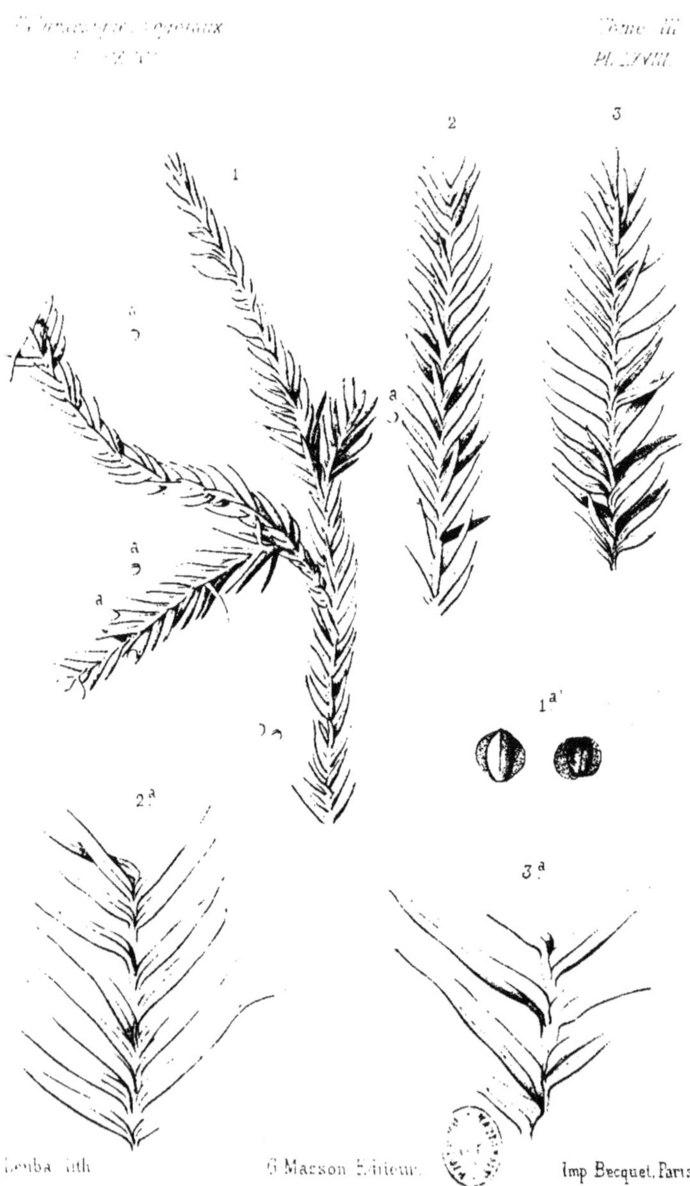

Lemba lith. G. Masson Éditeur. Imp. Becquet, Paris

1 . 3. Palissya Braunii. Nath.

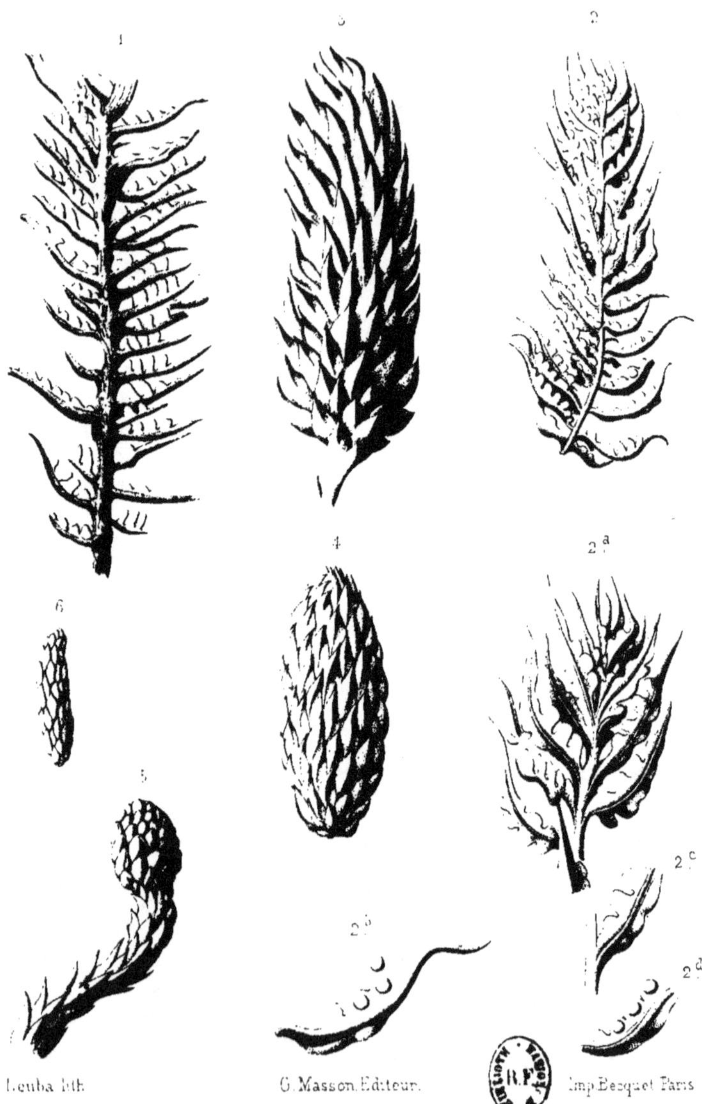

Leuba lith. G. Masson Editeur. Imp. Becquet Paris

1 _ 6 Palissya Braunii, Endl.

[illegible] lith. — G Masson Editeur. — Imp Becquet Paris.

1 . 4. Swedenborgia cryptomerides, Nath

5 . 6. Sphenolepis Terquemi, Sap

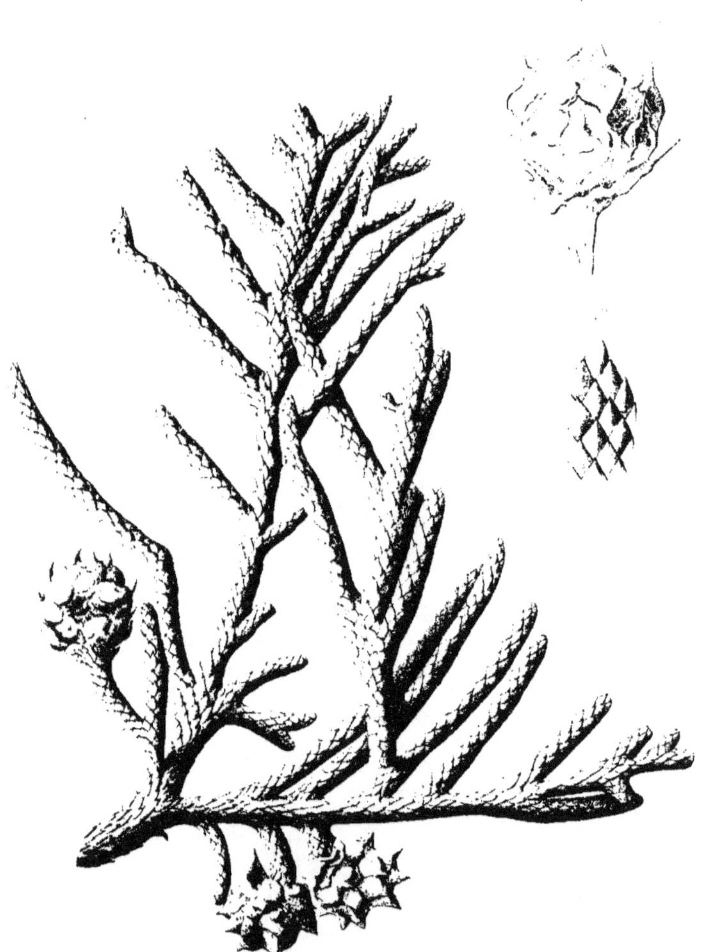

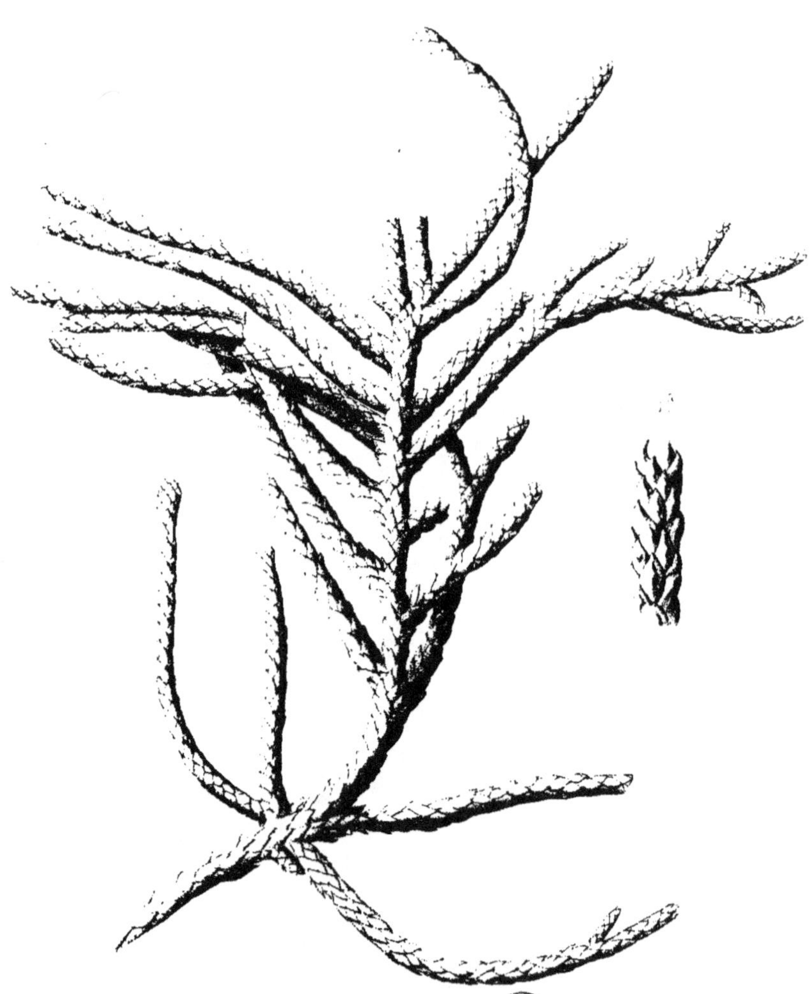

Widdringtonites keuperianus Hr.

5. S. … Sap. 8. W. ——— …eysensis Sap.

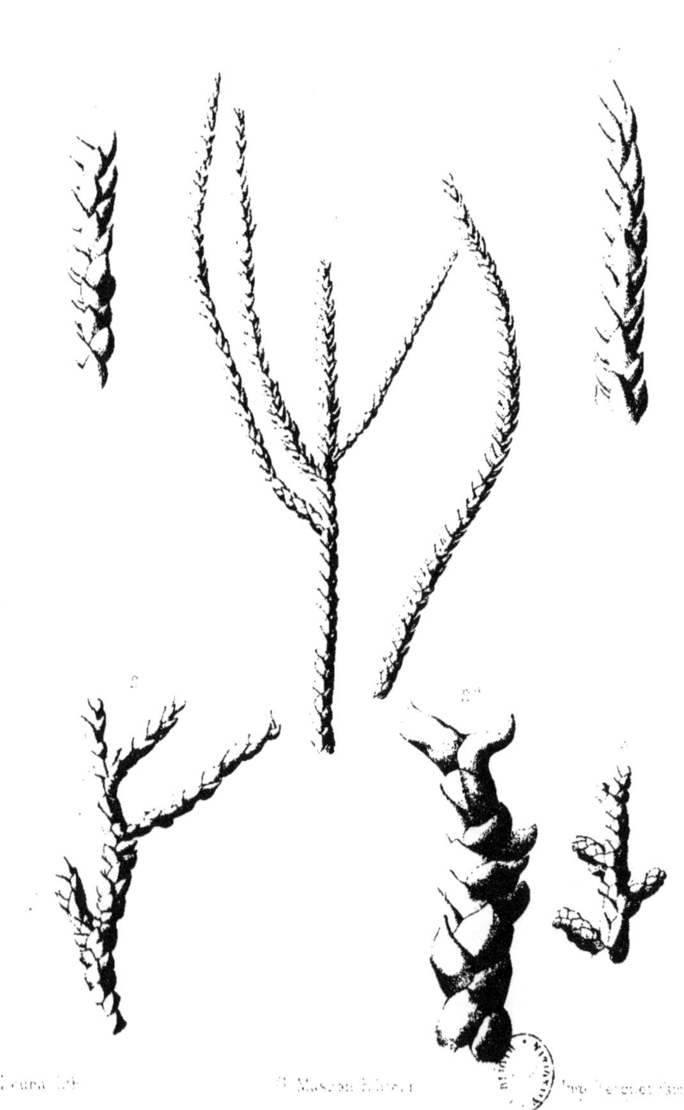

1. Widdringtonites gracilis, Sap.
2, 3. Palæocyparis [illegible], Sap.

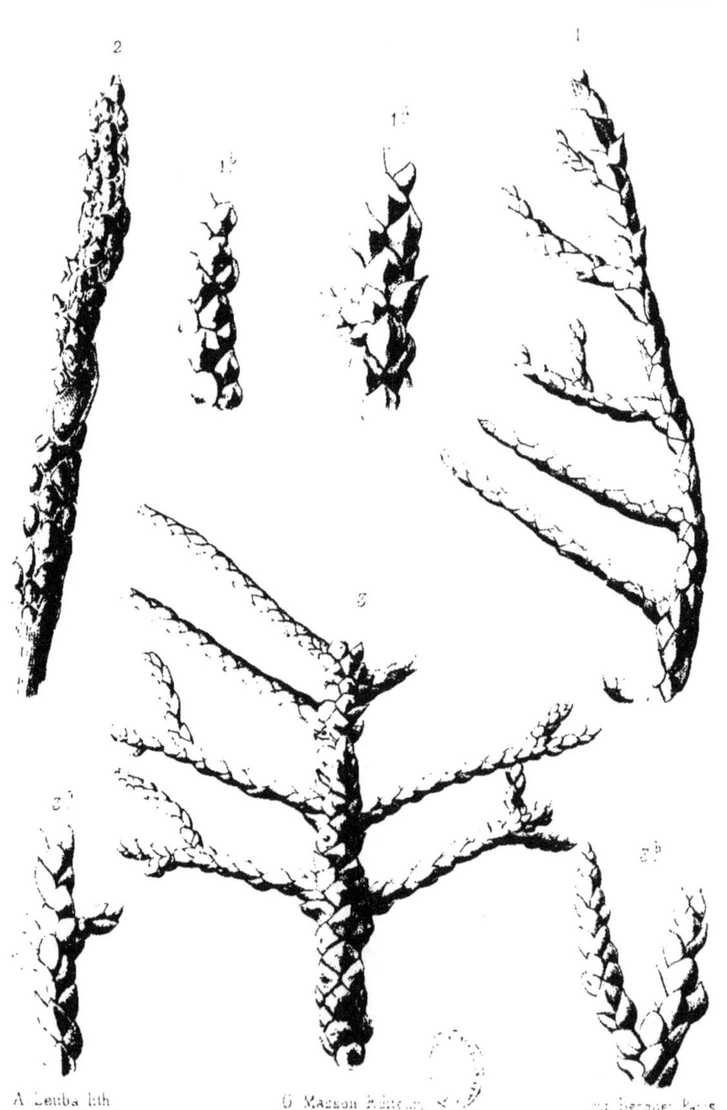

A. Leuba lith. G. Masson Éditeur. Becquet Paris

1–3. Palæocyparis virodunensis, Sap.

G. Masson Editeur.

Palæocyparis corallina. Sap.

A. Guise lith. — S. Masson Éditeur — Imp. Becquet, Paris.

1. Palæocyparis Itieri. Sap.

1 ... 3. Palæocyparis robusta, Sap.

Leuba lith.

G. Masson Éditeur.

Imp. Becquet, Paris

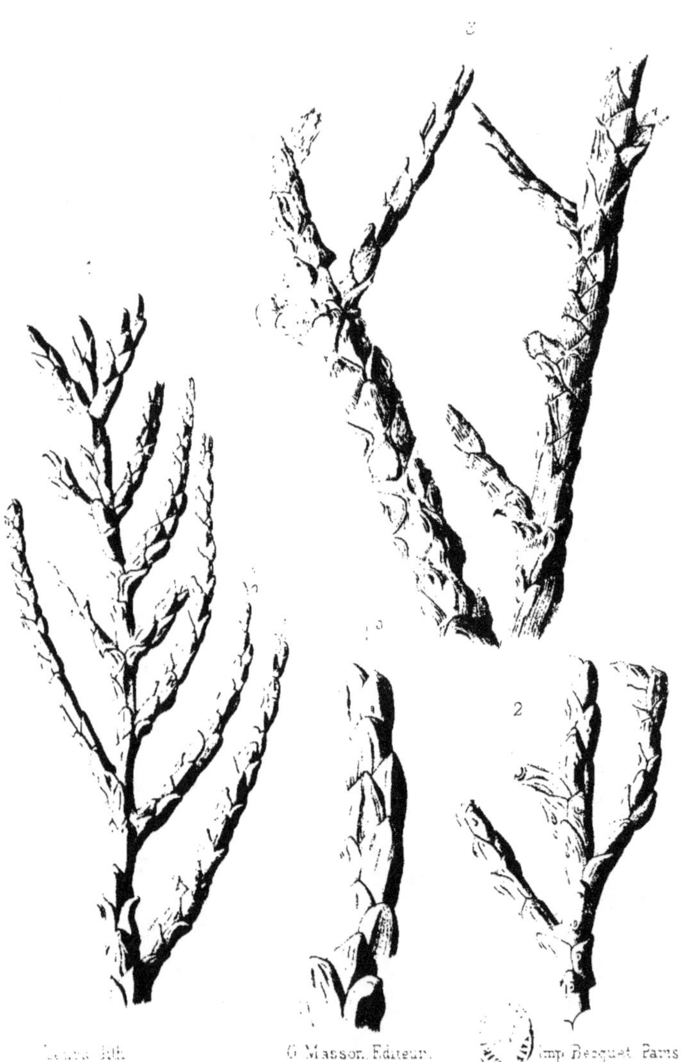

[illegible] lith. G. Masson, Editeur. Imp. Becquet Paris

1...3 Palæocyparis robusta. Sap.

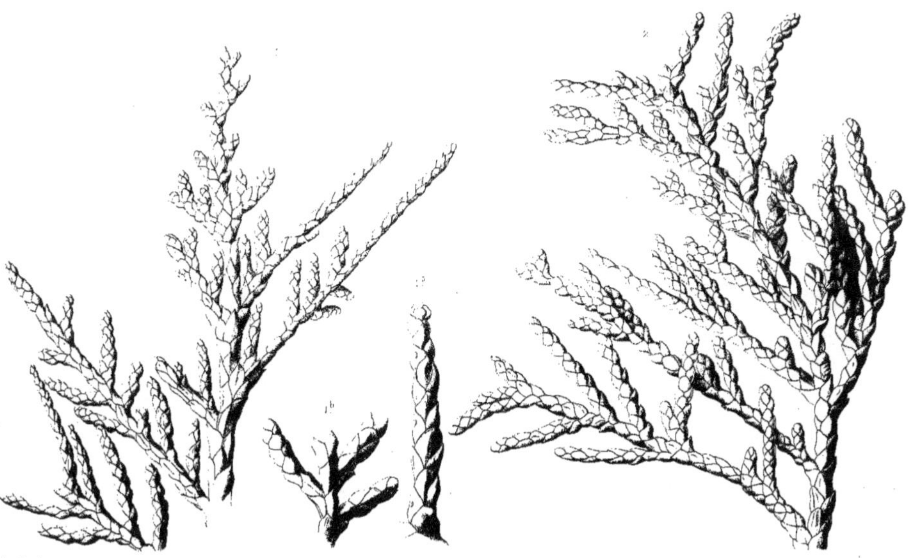

Leuba lith. G. Masson Editeur. Imp. Becquet Paris.

1_2. Palæocyparis Flouesti, Sap.

Leuba lith
G. Masson, Éditeur.
Imp. Becquet, Paris.

1_5. Palæocyparis expansa (Brongn.) Sap.

1 2 3

G. Masson, Editeur

1. Palæocyparis recurvens. Sap.
2_3. P. [illegible] decernenda Sap.

1

2

G. Masson Éditeur.

1–5. Palæocyparis princeps (Brg.) Sap.

www.ingramcontent.com/pod-product-compliance
Lightning Source LLC
LaVergne TN
LVHW020607230826
846091LV00002B/634
* 9 7 8 2 3 2 9 6 0 3 0 2 5 *